筑摩選書

戦後空間研究会 編

POSTWAR-SPACE Research Group

戦後空間史

都市・建築・人間

戦後空間史──都市・建築・人間　目次

地図作成　朝日メディアインターナショナル

戦後空間史

都市・建築・人間

戦後空間の名のもとで——はじめに

戦後空間とは何か

戦後は本当に終わったのか。今後の研究について話し合っている時、ふと「戦後空間」という言葉がうまれた。それは何か。

まずは「戦後」。私たちは建築や都市の歴史についての研究者であったから、一九四五年の敗戦とともに生じた日本の「戦後」が構築しようとしていた都市・建築のビジョンを再検討するとともに、なお生き残っているその積極的価値、課題を抽出してみたいと考えた。当時は第二次安倍政権下、露骨なまでに、戦後を歴史化させようとする風潮が押し寄せてきていた。

つぎに「空間」。むしろ歴史をまるで建築を構築するように、つまり「空間」として描くことはできないか。この問いこそが実に魅力的だった。

都市や建築の実際の計画や建設活動のみならず、それらに関する政策・事件・言説・生活体験・文化事象等を柔軟に対象とし、それらを緊密に結びつけた領域のかたちが「戦後空間」なのだ。またそれこそが、時代が形作った実体的な空間をも示唆しうるだろう。本書はその先駆的、発端的な成果としてまとめられた。

日本国憲法と近代化

一　すべて国民は、健康で文化的な最低限度の生活を営む権利を有する。
二　国は、すべての生活部面について、社会福祉、社会保障及び公衆衛生の向上及び増進に努めなければならない。
（日本国憲法第二十五条）

日本の戦後を独自とした理念の一つが、この国民の生存権の保証と生活の進歩向上に努める国の義務であった。これはＧＨＱ草案にもなかったもので、日本側の検討の最終局面にはじめて明瞭な言葉によって刻み込まれたという。

この「人類普遍の原理」は人類が有史以来長きにわたる闘争の中で培い、ようやく二〇世紀に到達した成果だったといわれる。その意味でこの明文化は確かに先駆的であった。と同時に、敗戦下における自主的なこの追記の経緯には、単なる先進性以上の、日本という共同体を検討する際の深い意味が込められていたとも思える。

そして戦後日本は曲がりなりにもこれを実行してきたのだ。国民を困窮から保護するのみならず、健康で文化的な生活が標榜された。公営住宅法が生んだ団地群は多くの人に住む場所を提供し、戦後を最も象徴する風景を作り出した。

「生存の権利」は、いわゆる公共事業の根拠となった「公共の福祉」と併走し、人のいるあらゆる場所に達しようとした。電線が引かれ、道が敷かれ、交通網を作り、氾濫する河川をコンクリートで抑え込んだ。原子力の平和利用が始まった。戦後空間は日本の国土を最も大きく変えた。

しかしその後の阪神・淡路大震災（一九九五）、東日本大震災（二〇一一）の災禍は、この近代化の運動が、大きな矛盾を孕《はら》むものであったことを突きつけた。これによって戦後以降、ほとんど生得的とまで認識されていた権利が自明ではなかった、歴史化されうるという現実認識が発生した。やはり「戦後」は、普遍から歴史のシーンへ後退しつつあるのだろうか。

研究会について

本書に関わる活動は、二〇一七年に一般社団法人・日本建築学会内に設けられた特別研究委員会を母体としている。戦後生まれの集落・都市・建築史研究者、そして学究的な建築設計者を中心とした。研究会内の六名がモデレーターとして、おおよその年代や領域的まとまりによってトピックを決め、登壇者を検討しながらシンポジウムを行った。登壇者は、都市・建築領域に加え、社会運動史、経済史、政治史などの研究者、在米研究者、ジャーナリスト、シンクタンクのリサーチャーかつ翻訳家など多岐にわたった。またコメンテーターに、なるべく当時の立役者に参加いただき貴重な証言をいただいた（その内容はいずれも既にインターネットで公開されている）。本書はシンポジウム記録を単に書籍化したのではなく、シンポジウム終了後にそのモデレーターたちがシンポジウムの成果をもとに、当初の目論見をさらにヴァージョンアップして新たに独自の視点で書き下ろしたものである。各章の執筆において何回も意見を交換し、含むべき要素を検討しあった。

点、線、平面そして空間へ

民衆・伝統・運動体——一九五〇年代／建築と文学／日本とアメリカ（青井哲人）
技術・政策・産業化——一九六〇年代　住宅の現実と可能性（内田祥士）
市民・まちづくり・広場——一九六〇〜七〇年代の革新自治体と都市・建築のレガシー（中島直人）
バブル・震災・オウム真理教——一九九〇年代、戦後空間の廃墟から（中谷礼仁）
賠償・援助・振興——戦後空間のアジア（市川紘司）
都心・農地・経済——土地にみる戦後空間の果て（日埜直彦・松田法子）

本書各章の題名のもとにもなった各回シンポジウムのタイトルは三つの関連ワードで構成されていた。その狙いについて説明しておきたい。

歴史とは単一の出来事からは生まれない。少なくとも二つ以上の対象の間に発生する物語なのだ。二つの出来事を繋ぎ合わせ比較することで、点は線となる。そして三つ以上の出来事のあわいに平面が生まれる。各章はそれぞれが特徴ある言葉で構成された独自の平面を持っている。この平面上に説明されてはいないのが各章のあわいである。それら各章の関係を結び合わせることでようやく「戦後空間」の形が浮かび上がってくるであろうことを期待した。時代的にはまず二〇世紀末までを扱い、その後はその空間の拡張のために領域を広げていく軌跡をたどった。二一世紀の戦後空間は概ねその延長線上にあるが、それについては終章にて触れるはずだ。なお本章は概ね時代順に並んでいるが、求めに応じていずれの章から読んでいただいてかまわない。

戦後は歴史化されたか

今、原稿の全体を眺めながら、その戦後空間を想起している。その結果として、果たして戦後は過去の一ページとして歴史化されたか、についてその印象を端的に述べておきたい。

戦後は生きている。戦後は、たとえば農地改革をはじめ、そう簡単に変わるはずのない大きな慣性を日本の国土にすでに刻みつけてしまった。戦後は初期の目的を一部違えつつ、生きつづけている。私たちは、その変質した空間からの深い影響の中で生きている。

二〇二二年一二月一二日

中谷礼仁

第一章

民衆・伝統・運動体

――冷戦と復興、文学と建築、リアリズムとモダニズム

青井哲人

1　戦後一〇年目の風景

一九五五年の断面

一九五〇年代とはどのような時代だったか。試みにまんなかの五五年に起きた出来事を一般的な日本史の年表から抜き出してみよう。敗戦から新しい局面へと向かういくつもの動きの断面が浮かぶ。

・一月、トヨタ自動車がクラウンを、日産自動車がダットサン110を発表（一〇月には鈴木自動車工業が軽自動車スズライトを発売）。

・二月、ソ連でスターリン（一九五三年死去）の後継者マレンコフ首相が辞任（体制転換を推し進めるフルシチョフは翌五六年にスターリンの独裁と恐怖政治を暴露）。四月、英国でチャーチル首相が引退。同月、インドネシアのバンドンで第一回アジア・アフリカ会議開催（東西冷戦に対し第三の勢力）。五月、西ドイツが主権回復を宣言（日本は五二年）。

・七月、日本住宅公団発足。一九五〇年の住宅金融公庫法、五一年の公営住宅法とともに、「公庫・公営・公団」の三本柱といわれる戦後日本の住宅政策の骨組みが揃う。
・八月、広島で第一回原水爆禁止世界大会開催（前年にビキニ環礁での米国の水爆実験により日本の遠洋漁船が被爆していた。枢軸国として敗戦した日本が被害者の貌《ぼう》を帯びはじめ、同時に原子力の平和利用が肯定される）。
・九月、自由貿易推進を掲げて一九四七年に調印されたGATT（関税および貿易に関する一般協定）に日本が正式加盟。同月、アメリカ占領下の沖縄で幼女強姦殺人事件。
・一〇月、社会党再統一。翌一一月には保守合同により自由民主党結成。「五五年体制」がはじまる（～九三年）。
・この年、羽田の東京国際空港ターミナルビル開館。カリフォルニア州アナハイムにディズニーランドが、東京には後楽園遊園地が開園。俳優ジェームズ・ディーンが交通事故で死亡。複数のスポーツ新聞が相次いで創刊（テレビは五三年に放送開始、映画館の入場者ピークは五八年。雑誌『週刊平凡』は五九年創刊）。

世界戦争を担った体制の清算が進むと同時に、世界を東西に分ける最秩序化・再軍事化とそれに対抗する動きが迫り出していた。他方で、一九六〇年には社会を塗り込めるほどになる生産技術と大衆消費の時代が胎動をはじめている。両者のまだら模様、それが敗戦一〇年目の風景だ。

建築家たちの戦後一〇年

同じ年、『新建築』誌が「原爆下の戦後一〇年 日本人の建築と建築家」と題する特集を組んだ（一九五五年八月号）。「原爆下」、「日本人の」といった言葉の選択が印象的だ。この特集の主旨文で、編集部は建築界への「期待」をこう列記している（番号は筆者）。

（1）「近代主義建築家は、建築における人間性の追求、ヒューマニズムの発見と確立の過程を通して、真に機能主義を克服し、コマーシャリズム化あるいはアカデミズム化したモダニズムをのりこえ」ているか？

（2）「現実主義建築家は、広汎な現実の要求を現象的に把握するにとどまらず、その諸要求間の矛盾をするどく解明することによって構造的・実態的に把握し、それを創造の領域にまで高め上げ」ているか？

（3）「民族主義建築家」は、型の反復に陥らず伝統の内的な深さに到達しえているか？

（4）「官庁建築技術者」は、官僚主義をやぶり民間に門戸を開いているか？

（5）「現場建築技術者」は、封建的な生産組織の近代化に向かっているか？

（6）「建築教育家」は、アカデミズムの硬直化に抗して本質を教えているか？

（7）「評論家」は、解説者にとどまらず方法論を創出しえているか？

『戦後建築論ノート』（相模書房、一九八一）の布野修司（ふのしゅうじ）は、このリストを「当時の的確な見取図を」示すものだという。もしそうなら、〝反語的〟見取図と解すべきだろう。期待と現実がよく伝わる。

モダニストとリアリスト、その対立と地位の推移

本章で注目するのは、主に（1）と（2）である。他は少なくとも五〇年代の論争的布置の主人公ではない。（1）と（2）の対立とその推移をざっとまとめておこう。

（1）の「近代主義建築家」は、一九二〇〜三〇年代に国際的に一定の確立をみた近代建築（モダン・アーキテクチャー）と近代都市計画（モダン・アーバニズム）を推進しようとする人々である。彼らモダニストは、建築に求められる機能や構造への合理主義的態度と、抽象化された形態表現に、近代のテクノロジーと工業化社会にふさわしい都市・建築の刷新の方向性をみていた。政治的な文脈でいえば、彼らは一般に自由主義経済を肯定した。

これに対抗的なのが（2）の「現実主義建築家」であり、彼らは端的にいえばマルクス主義者であった。敗戦後、共産党をはじめとする左派が勢力を伸ばし、発言力を高める状況があったことはぜひとも理解しておく必要がある。背景には、共産党が天皇制と資本主義の打破、帝国主義戦争反対を掲げてきたことがある。加えてアメリカによる占領政策も、初期には既存権力の解体、

民主主義の注入、労働運動の支持に力を傾けたため左派を後押しするかたちになった。これを背景に、多くの知識人や芸術家が労働者や農民の生活の現実に根ざした社会変革に熱意を燃やした。ここでのリアリズム（現実主義）とはこの動向を指している。ソ連がリードする社会主義リアリズム運動も国際的な影響力を持っていた。

建築分野でも、廃墟の一九四五年からしばらくの間、「人民」のための建築を叫ぶ議論は左派が主導した。そこでは「伝統」は国粋主義として糾弾され、下手をすれば天皇崇拝や軍国主義とすら同一視された。モダニストたちが三〇年代から戦時下にかけて鍛え上げてきた「日本的なもの」の造形論はこのため腰砕けになっていた。

ところが一九四八〜四九年以降、占領政策そのものが「反共」に傾きはじめ、五〇年に朝鮮戦争が勃発すると復興から成長へと建設需要も高まった。いきおい、「人民」の建築をめざす戦後の理念的高揚は掻き消されていく。建設の活況に乗れない左派建築家を脇目に、戦前には官庁や資本の造形を担ってきた折衷主義建築家と入れ替わるようにモダニストたちが躍進する。ところで戦前のモダニストには、文化的エリートとして日本の近代的造形を担おうとする人々と、社会システムとしての都市・建築の近代化を重視する人々とがいたが、戦後復興はこれらが合流する機会を与えた。象徴的なのは五五年に竣工した広島平和記念資料館である。建築家丹下健三《たんげけんぞう》は、日本的伝統の解釈を通したモダンデザインを、丹下自身や浅田孝《あさだたかし》らモダニストが主導した広島復興計画のなかに位置づけたのである。

焼け残りの町屋や焼け跡のバラックの家並みのなかに、鉄筋コンクリート造の公共施設がその堂々たる姿を次々に現した。地面にへばりつくような延々たる木造家屋の海と、ピロティで持ち上げられて白く輝くモニュメント。前者は町場の大工たちの世界であった。対して、美術史家・建築評論家の長谷川堯《はせがわたかし》がのちに「神殿」と形容する後者の近代建築は、工事を請け負うのはゼネコンでも「建築家の先生」がリードする世界だった。両者の隔絶こそが一九五〇年代の風景だろう。この差が経済成長によって埋まっていくのは第二章で吟味される六〇年代以降だ。

やがてコンクリートや鉄の世界はゼネコン設計部、ついで組織設計事務所などの企業が担えるようになる。一九五〇年代とは、そうして知識人としての個人の「建築家」の役割が相対化されていく前の、文字通りモダニスト建築家の英雄時代だったのである。

2　地図のスケッチ

充実と欠落のねじれ——建築と文学の一九五〇年代

ところが文学の一九五〇年代に目を移すと、むしろリアリズムこそが多量の創作行為を生み出していた。左翼作家と一部の前衛作家、そして農民や労働者、女性や子どもたちを含む民衆たち

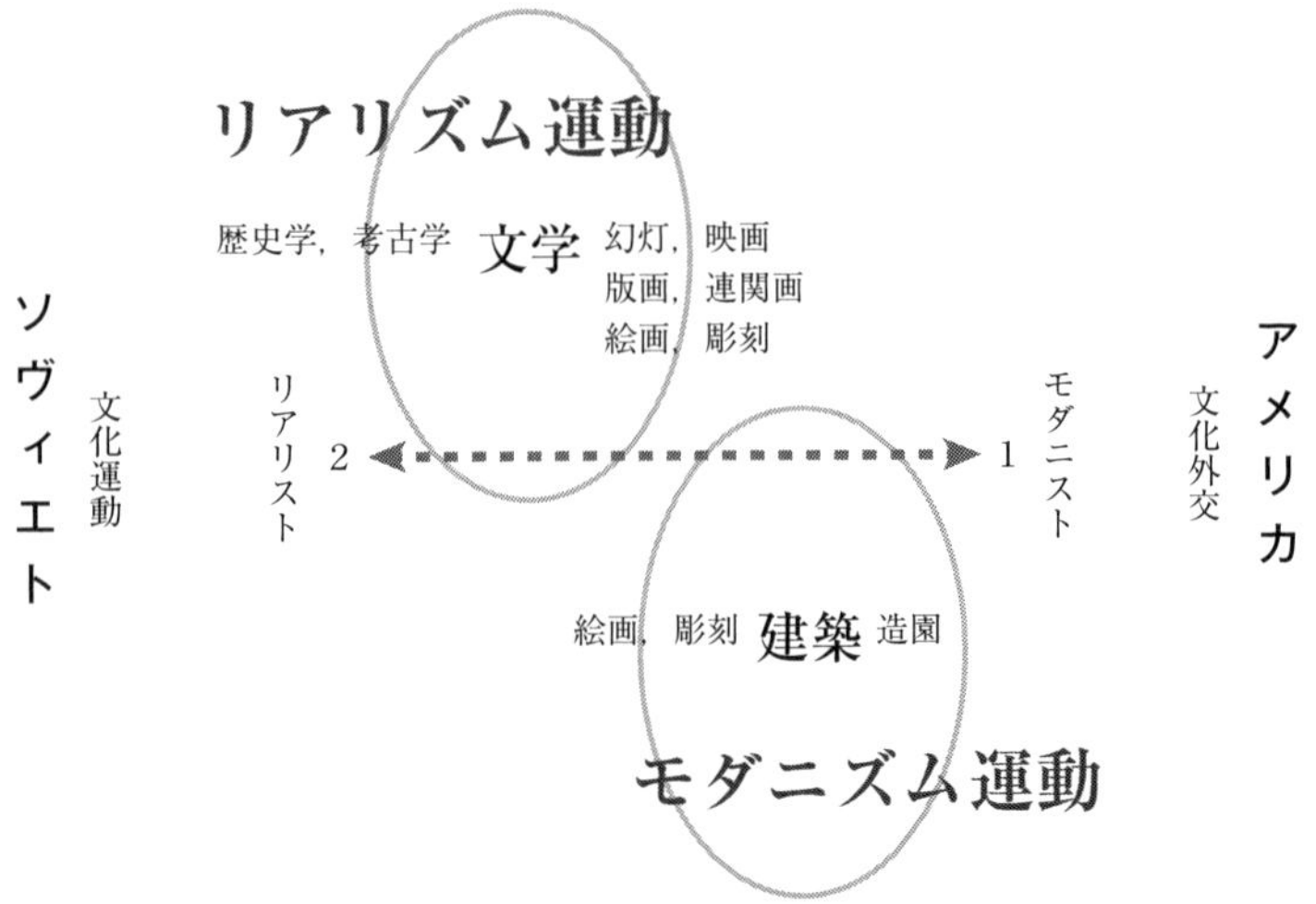

図１－１　ダイアグラム：文学のリアリズム運動と建築のモダニズム運動

の創作活動、さらに美術・写真・映画、あるいは歴史学・考古学などの動きがつくる巨大な渦。

建築のモダニズム運動と文学のリアリズム運動との、このねじれの関係を図示してみる（図１－１）。文芸的な領域（上）ではリアリズム（左）へ、造形的な領域（下）ではモダニズム（右）へ。五〇年代の運動の渦は、左上と右下に引っ張られ、ふたつにせん断されつつ膨らんでいったように見える。

世界地図は動き、分かれる

これを世界地図に位置づけよう。図に加えておいたソヴィエトとアメリカという文字に注目してほしい。

リアリズム運動の指導者たちは東側陣営をみていた。ソヴィエトの西（東ヨーロッパ）と東（東アジア）に共産圏ができ、西側諸国の内にも左翼政党の活発な動きがあった。加えてアジア、アフリカ、中南米で次々に旧植民地が独立を遂げていた。既成の自由主義を打ち破って新しい意思が表現されていく。アメリカはじめ西側諸国には脅威と映ったこのダイナミズムに自分たちも参加しているという想像力が、日本のリアリズム運動にはあっただろう。『1950年代――「記録」の時代』(河出書房新社、二〇一〇)の鳥《と》羽《ば》耕史《こうじ》によれば、この時期のリアリズムの展開は広い意味での「記録」を軸とする多様なサークル運動のひろがりによって特徴づけられるが、このサークルという言葉も左翼の政治用語であった(日本に紹介されたのは一九三〇年代)。ダイアグラムの左の「ソヴィエト」の文字にはこれだけの含意があると考えてほしい。

対してモダニストたちは、太平洋をまたいで日本とアメリカをつなぐアーチを思い描き、これを軸に世界地図を想像していただろう。アメリカに拠点を置く建築史家のケン・タダシ・オオシマは、いわばこのアーチに沿って近代建築史を描きなおしてきた。一九五〇年代に日本のモダニストたちが「伝統」と「近代建築」を刷新していったのは、国際的な交流においてであったとオオシマはいう。日米関係だけではない。東アジア、東南アジア、あるいはブラジルやメキシコなどの中南米諸国のモダニズム運動もみなアメリカとの関係のなかで各々の近代建築を創出していった。

こうした見立てに基づき、戦後空間シンポジウム01「民衆・伝統・運動体」は次のような組み立てとした。まず、右に紹介した鳥羽耕史氏(早稲田大学文学学術院、日本文学)とケン・タダシ・オオシマ氏（ワシントン大学日本研究プログラム、建築史）に、それぞれ「文化運動のなかの民衆と伝統」、「日米の建築的交流――「民衆」と「伝統」をめぐる文脈の輻輳《ふくそう》」と題する講演をいただいた。これを受けて日埜直彦氏（建築家）にコメントをいただき、会場を含めた討議を展開。後日、逆井《さかい》聡人《あきと》（日本近現代文学）、高田《たかだ》雅士《まさし》（日本近現代史）、辻泰岳《つじやすたか》（建築史・美術史）の各氏にレビューを寄せていただいた。

冷戦構造を背景に垣間見つつ、建築と文学の「せん断」を具体的に特徴づけることを通して、リアリズムとモダニズム、あるいは運動と創作の「裂け目」を問い直すシンポジウムとなった。ただし、この「せん断」の光景は今日の私たちの歴史理解の歪みを投影しすぎているかもしれない。とくに「建築のリアリズム」はほとんど未発掘である。近現代建築史のモダニスト・バイアスは今なお私たちが思っている以上に根強い。だから本章は、「せん断」の光景を描きつつ、同時に、今後それをより適切なものに描き直すために、「建築のリアリズム」の発掘作業という建築史の重要課題を提起することになろう。そのためにも、文学やその周辺のリアリズムが何を目指し、どう行動し、どんな言葉を紡ぎ、そしてどんな課題に突き当たったのかを学ぶことはきわめて有益である。

3　文学と建築——五〇年代が両者を引き離した

新日本文学会と新日本建築家集団

手はじめに文学と建築の「せん断」が顕在化していくプロセスからスケッチしていこう。敗戦からまもなくのあいだは、文学と建築の歩みはよく似ていたのである。

一九四七年六月、新日本建築家集団が創立される。英語で**New Architect's Union of Japan**、頭文字をとってNAUといった。日本の建築運動は一九二〇年代にはじまり、戦時下の停滞後、敗戦とともに再び多様に噴出したが、その多数の建築運動グループ（建築文化聯盟《れんめい》、住文化協会、日本民主建築会など）を結集させたのがNAUだった。会員数約八〇〇人。日本建築運動史上最大級の建築運動団体で、歴史部会、理論部会、設計部会など、多岐にわたる分科活動を展開した。

NAUは一九四五年十二月に結成された「新日本文学会」（英語名称なし）とよく似ていた。「新日本」という命名の仕方がそうだし、指導層や事務局に日本共産党員がいたことも共通している。新日本文学会の会館はNAU設計部会の設計で新築され、NAUは同会館に間借りして事務局を置いた、という具体的関係もある。両会は、その綱領までもがよく似ていた（表1－1）。

表１−１　新日本文学会綱領（1945）と新日本建築家集団綱領（1947）

新日本文学会　綱領（一九四五）	新日本建築家集団　綱領（一九四七）
一．民主主義的文学の創造と普及 二．人民大衆の創造的・文学的エネルギーの昂揚と結集 三．反動的文学・文化との闘争 四．進歩的文学活動の完全な自由の獲得 五．国の内外における進歩的文学、文化運動との連絡協同	一．建築を人民のために建設し人民の建築文化を創造する 二．建築についての総ての問題を大衆の中で解決し実施する 三．建築界全般を掩う封建制と反動性を打破する 四．建築技術者の解放と擁護のために闘う 五．全国にわたる建築技術者の組織的結集を実現し更に海外の建築技術者の進歩的運動と連携する 六．人民文化建設のために闘うすべての運動と協力する

双方とも、一は文学／建築の民主化、二は大衆との共闘、三は反動的な体制の打破、四は職能者の解放・自由、五（ＮＡＵは五・六）は国内外の連携、である。おそらくＮＡＵは、建築の生産関係的な特性をふまえて、先輩の綱領に手を加えたのだろう。

政治従属への疑問

新日本文学会が一九四五年一二月に機関誌『新日本文学』創刊準備号を出すと、モダニストらは同人誌『近代文学』を創刊した。両グループの間に、まもなく「政治と文学論争」が起きる。仕掛けたのは平野謙（一九〇七〜七八）、本多《ほんだ》秋五《しゅうご》（一九〇八〜二〇〇一）、荒正人《あらまさひと》（一九一三〜七九）らの若い『近代文学』サイドだった。彼らは文学の戦争責任問題を提起するとともに、左翼文学の「政治への機械的従属」を批判した。これに共産党員で戦前派左翼作家の中野重治《なかのしげはる》（一九〇二～七九）が応じ、両陣営間の執拗な反論の応酬を通して、一方では若いモダニストが存在感を高め、他方では左派のなかにも共産党のプロパガンダや行動指針をただ翻訳するかのような創作への疑問と、文学独自の創造的回路を重要とみる意識が芽生える。

建築界にもモダニストと左派のよく知られた論争がある。NAU結成とともに機関紙『建築新聞』上で、モダニスト陣営の若きイデオローグ・浜口隆一《はまぐちりゆういち》（一九一六～九五）がこう書いたのが発端だった。敗戦後の民主主義建設のために建築家がめざすべき「近代社会」の「人民の建築」とは「機能主義の建築」であり、すなわち「近代建築」であると。これを、戦前派の左派建築家・図師嘉彦《ずしよしひこ》（一九〇四～八一）が子どもをたしなめるように批判した。君のいう「近代社会」とは資本主義社会であろう。施主はたいていブルジョアであり、彼らに奉仕する機能主義の建築とは労働搾取への加担であり、人民の建築ではない。この「近代建築論争」もまた、公式見解を振り回すばかりの図師らの硬直ぶりを露呈させた点は似ている。文学と比べてモダニスト側に力強さが欠ける感は否めないが、それでも戦前派の左翼よりはよほど若いモダニストたちの方に主体的な問題意識があった。論争中に出版された浜口『ヒューマニズムの建築』（雄鶏社、一九四七年一二月）も、拙いながらも近代建築の定義を戦後的に書き換えようとする試みであった。

要するに一九五〇年を迎えるまでに、一言でいえば新しいモダニズム、新しいリアリズムがそれぞれに目指される雰囲気ができていたのである。

コミンフォルム批判と運動体の変質

ところで今日からはいかにも縁遠い話だが、一九五〇年一月、国際的な共産主義運動の連絡機関コミンフォルムが日本共産党を名指しで批判する事件があった（コミンフォルム批判）。天皇制の打破と帝国主義戦争への対抗を掲げてきた日本共産党は、敗戦と占領軍を歓迎し、共産主義革命は平和的に達成可能だと考えていた。コミンフォルムはこれを批判し、対米従属を脱する民族戦線を要求したのである。この衝撃から日本共産党は「批判」に従う主流派（所感派）とそれに反発する国際派とに分裂してガタガタになる。

重要なのは、民族戦線を迫られた共産党が民族意識を強調しはじめたことだ。「民族」という共同体への意識を喚起すれば、「伝統」は積極的な議題に早変わりする。一九五〇年前後から様々な分野で再び伝統が人々の口にのぼるようになった理由には、完膚なき「敗戦」から誇りを取り戻したいという潜在意識と、占領政策の右傾化ばかりでなく、左翼の方向転換があったのだろう。敗戦とともに踏み絵のようになっていた「伝統」が、五〇年代にはリアリストもモダニストも競って掲げる主題となる。日本だけではなかった。一九五四年に国際建築学生会議に参加するためローマに赴いた大学院生時代の磯崎新は、「伝統」が国際的なテーマであったことを知る（「現代建築と国民的伝統」『建築雑誌』一九五四年八月号）。

サークル運動へ／商業誌へ

文学の場合、コミンフォルムに従う主流派が新たに『人民文学』を創刊し（一九五〇年一一月）、これが全国のサークル運動のセンターとなる。国際派優位の『新日本文学』が左派作家の創作の場だったのに対し、『人民文学』は読み手かつ書き手として民衆を取り込んだのである。

だが建築の展開は違った。国際派の党員だった平良《たいら》敬一《けいいち》（一九二六〜二〇二〇）はＮＡＵ事務局に勤め、組織担当として各大学で学生のオルグ（勧誘）に当たっていたが、コミンフォルム批判のあおりで事務局は早々に機能を失う。機関誌担当の川添登《かわぞえのぼる》（一九二六〜二〇一五）、宮内嘉久《みやうちよしひさ》（一九二六〜二〇〇九）も、平良とともに仕事を失った。ところが五三年には、彼らは『新建築』の編集部にいた。同誌は建築設計事務所・請負会社・建材メーカーなどに勤める人々が読む商業誌だ。彼らは同誌に論壇的機能を持たせ、積極的に活用した。

文学では民族戦線を選んだ人々が新しい雑誌をつくってサークル運動の拠点に育て、建築では若い左派が商業誌をハックし、それを新しい運動の渦を生み出す場へと変質させようとしたのだ。

民衆とは誰か

一九五三年といえば、『新建築』誌が「民衆論争」の舞台となった年だ。戦前派のマルキスト西山《にしやま》夘三《ぞう》（一九一一〜九四）は、建築家も労働者大衆として現実の変革のために民衆と協働せよと書いた。編集部はこれにモダニスト丹下健三を対置する。丹下は、民衆は自らの求めるものをあらかじめは知らない、「民衆のエネルギーに、具体的なイメージを提示しようとする態度と問題意識をもって、創造にたちむかうことによって、民衆にむすびつくことができる」のみだと記した。

この対立は、文学における中野重治ら戦前派左翼とモダニスト荒正人の関係に似ている。『近代文学』同人の本多や平野の回顧を借りれば、当時「インテリゲンチャは自己を否定しなければならないと言われていた」なかで、「荒君は大胆不敵に」「民衆は俺だ」と言っていたという（近代文学同人編一九六八）。もっとも一九三〇年代後半の院生時代にマルクス主義を振り切ったらしい丹下と違って（丹下・藤森二〇〇二）、荒正人は一貫してコミュニズムそのものは支持していた。ともかく、『新建築』誌のこうした雑誌づくりにはあの若い編集者たちの意図が透けて見えるだろう。文学における論争や雑誌の役割が彼らに雛形を与えていたとしても何ら不思議ではない。

しかし、彼らは同時に建築が文学と同じではないこともよく承知していた。建築は莫大な資金を投入し、複雑な生産組織によって具現化される。国家・公共団体や民間資本を依頼主とする建物だけでなく、個人住宅であっても基本は同じだ。『新建築』に政治的党派性をもたせる路線はありそうにない。そもそも建築は建てなければ話にならない。現に良質な意欲作はほとんどモダニスト建築家に占められている。編集部はモダニスト建築家を主役に見定め、誌上で左派の論客をぶつけることで、民衆とつながる戦後的なモダニズム、あるいはリアリズムを組み込んだモダニズムともいうべきものを模索したのではないか。

他方、文学の創作には資金も生産組織も要らない。民衆のいる場から創作すること、民衆とともに創作すること、さらには民衆自身が創作することも難しくない。その可能性が実際に展開されたのが一九五〇年代の文芸諸領域であった。リアリズムの爆発とでもいうべきその動向を、鳥羽耕史の導きにより概観しよう。

4 サークル運動と文芸実践の諸相

一九五〇年代のサークル運動

紡績工場や国鉄などの職場、学校や地域社会、ハンセン病や結核などの療養所。様々な場所にサークルは生まれた。専門的な作家やインテリではない人々の小さな集まりだった。ジャンルも多様で、サークル詩、生活記録（綴《つづ》り方）に加えて、連環画《れんかんが》、幻灯《げんとう》、記録映画などがあった。逆にインテリ層の職業作家や評論家たちは、彼らの作品を選定し、批評し、またそれを通じて自らの方法を模索した。それを無数の雑誌が媒介し、そのセンターに『人民文学』があった。

このうち生活記録については、禅宗僧侶で学校教師であった無着成恭《むちやくせいきよう》（一九二七〜）の運動が重要だろう。無着は一九四八年に赴任した山元中学校（山形県南村山郡）でクラスの生徒に作文を書かせる取り組みを続けた。生活綴り方は戦前からあり、戦時の弾圧をへて復活、無着の生徒たちの文集『山びこ学校――山形県山元村中学校生徒の生活記録』（一九五一年三月、図1－2）をきっかけにブームとなる。詳細は省くが、鶴見《つるみ》和子《かずこ》（一九一八～二〇〇六）がこれを高く評価し、工場内サークルなどの女性が自らの母の話を綴るといった大人たちの生活記録運動へと展開していく。

図1－2　無着成恭『山びこ学校』（1950年）表紙

記録ないしルポの題材は様々だが、それぞれの現場での「闘争」の記録をまずはイメージすればよい。たとえば比較的よく知られる下丸子《しもまるこ》文化集団（一九五一～六〇）は、朝鮮戦争のためのPD（需要調達）工場が集まる京浜工業地帯で活動したが、彼らは詩の創作を、自己認識から革命への媒体と捉えていた。ほかに被爆地広島に生まれ、朝鮮戦争反対のビラ詩で逮捕者も出した『われらの詩《うた》』（一九四九～五三）、在日朝鮮人として日本語で書くことの葛藤に向き合った『ヂンダレ』（一九五三～五八）などがある。

「へたくそ」という問題

ここで一九五二〜五三年の「へたくそ詩論争」を、鳥羽の著書からとりあげたい。サークル詩集『京浜の虹』（一九五二年九月）について、同書を刊行した理論社の編集部はこう書いた。「ひょっとするとこれは、これまで日本で生まれた、いちばんへたくそな詩集であるかもしれない」。これが様々な問いを呼んだ。煎じ詰めれば、素人の詩は押し付けや理論、手法や文体などとは無縁な真実だからこそ価値があるのだが、それが上手になってどうするのか、無垢さを失わずに芸術の域へ引き上げることはできるのか……といったジレンマが意識されたのである。

建築の「民衆論争」で問われたのは、どこまでも建築専門家の構え方の問題だった。その職能を民衆の階級闘争の現場に一体化させていかねばならないのか、あるいはむしろ民衆のまだ見ぬイメージを創出して与えるのか。対して文芸の「へたくそ」は、無数の民衆が創作の主体として捉えられたがゆえに生じた、まったく異質なもうひとつの実践的問題だった。

知識人としての「創作するプロ」たちは、いつも、「生活する民衆」の現実からの乖離《かいり》に由来する後ろめたさに悩まされてきた。無垢の現実への恐れと葛藤、とでもいえようか。とりわけ彼らのエリート意識が屈折を強いられた戦後はそうだ。それゆえ、もし爆発的なリアリズム運動が綴方や生活記録、サークル詩などの民衆自身による創作活動を勢いづかせ、裾野を広げていけば、つまり民衆自身が創作の主体となれば、乖離と葛藤も解消されるのではないかという幻想が生まれた。しかし、詩や小説は書けても素人はやはりプロになれない。出版と報酬、批評や賞などが絡む経済的関係に彼らが仲間入りする道はない。それゆえ両者の差はかえって歴然とする。埋めがたい隔絶。文学においても生産関係に目を向けないのは欺瞞なのだ。

こうして結局のところ文学の前線は、民衆の生活記録実践などのインパクトを深いレベルで組み込んだプロの自己変革といった方向性に見いだされざるをえない。

ルポルタージュの意義

そこで焦点となるのがルポルタージュ文学である。ここでは『ルポルタージュとは何か?』（現在の会編、伯林書房、一九五五）におさめられた、小説家・劇作家の安部公房による「ルポルタージュの意義」をみていこう。

ルポルタージュにはふたつの意義があると安部は言う。ひとつは「文学上の要請」、つまりリアリズムを前進させ、新しいリアリズムを探求するうえでの意義。もうひとつは「現実上の要請」、すなわち急激に変化し捉えがたい社会の姿の報告を通して、現実の変革への契機をつくり出す意義だ。常識的には、ルポは「現象報告」、文学は「芸術表現」と区別され、両者の結合を目指す者も、現象報告の段階は「文学以前」であり、そこから文学へと高めていくのだと考えがちである。しかし、安部によれば「文学以前」という発想は文学なる高みがあるという思い込みから来るにすぎない。本当に必要なのは、記録／文学の区別がない地平から考え直し、組み立て

図1－3　桂川寛「小河内村」。桂川を含む前衛美術会メンバー数名が小河内ダム建設現場付近の洞窟にキャンプを張るなどして約2ヶ月間の文化工作を展開。この運動で経験したことを描いたこの絵を通して、桂川は「ルポルタージュ絵画」の実践を世に問うた。「ルポルタージュ」という形での運動と芸術の結合は、絵画、写真、映画などの領域にも広がっていた　所蔵：板橋区立美術館

直すことだ。

それゆえに「私たちはまず解剖刀を要求」する、と安部はいう。それがルポルタージュである。つまり彼にとってルポルタージュはたんに事実の収集と報告ではない。それは「日常的・常識的皮膚を切り裂き」、暗黒の内面に「新しい発見」を強いる。その深層のリアリティこそが、惰性化した「理性と感性の一時的平衡状態」を打ち破る。明らかにシュルレアリスムと左派の文学理論の結合である。いずれにせよ、こうしてステロタイプな文学は破壊されざるをえない。逆にいえば記録と区別される高みにあるかのように思い込んでいる文学では、現実の可視化と変革にはつながらない。こうした意味で

「文学上の要請」と「現実上の要請」は一体化するのである。この安部の文章が掲載された小冊子に、チェコの作家エゴン・エルヴィン・キッシュ（一八八五～一九四八）の「芸術形式および闘争形式」（原文では「斗争形式」）の和訳も掲載されている。問題は「芸術か闘争か」ではない、芸術でも闘争でもある「戦術」を持つことだとキッシュはいう。

エンゲルスが提起して以来、社会主義リアリズムの芸術における「典型化」の問題は、左派のあいだでは重要課題だった。それは「ある歴史的社会的現実の本質把握」を指す言葉であり、たとえば文学作品のなかの環境や人物たちの性格は、細部の徹底的に個別的な特徴によって与えられなければならないが、同時に、その先に彼／彼女がその身を置く階級的現実の本質を捉えていなければならない。このような場合にのみ、その人物は「典型的」といえる資格を有する。安部はこれにならってルポルタージュの解剖刀を振るうことなしに真の典型化はありえないという。それなしに文学の革命も社会の革命もない、ということだった。

このあたりで建築のモダニストの五〇年代に目を転じよう。ダイアグラムの右下。鍵はアメリカとの関係だ。

5 日米文化外交とモダニストたち

留学の交換、視線の交換

ケン・タダシ・オオシマは報告の冒頭でひとりのアメリカ人を紹介した。一九五五年の冬、最初のフルブライト給費生のひとりとして来日したリチャード・ハーグ（一九二三〜二〇一八）である。彼はバークレーで学士号を、ハーバードで修士号を、いずれもランドスケープ・アーキテクチャーの分野で取得した。その後、一九五八年にワシントン大学で教え始める前の二年間の日本留学だった。

ハーグは日本のありふれた農村を見るのを好んだ。きらめく水田。モノクロームの木造軸組みと瓦屋根の民家。彼もまたある種の「生活」のリアルをとらえたが、視線はリアリズムのそれではなかった。ハーグは日本の無名の風景にモダンデザインの造形的規準を重ねていたのである。彼は日本人が「モダン」であろうとしてアメリカ的な消費文化の輸入に躍起になっているのを戒めているが、それは生活の要求から必然的な造形を導けというモダンデザインの倫理に由来していた（ハーグ一九五五）。

これより先、芦原義信《あしはらよしのぶ》（一九一八〜二〇〇三）はハーバード大学で学ぶ支援を受けた最初の日本人建築家となっていた。彼は一九五二年に渡米し、五三年には建築学修士を取得、マルセル・ブロイヤーの事務所で勤める機会も得た。かなりのちのことになるが、芦原は日本と欧米のアーバンデザイン、建築デザインの文化的背景を比較する啓蒙的著作を出し（『街並みの美学』一九七

九、一九八三)、その後『隠れた秩序——二〇世紀の東京』(一九八六、*The Hidden Order: Tokyo Through the Twentieth Century*, 1989)を上梓する。またアメリカの建築家ノーマン・F・カーヴァJr.(一九二八〜)は、自らが撮影した日本の古建築の写真集*Form and Space in Japanese Architecture*, 1955(『日本建築の形と空間』一九五六)を刊行しているが、その翻訳は先に紹介した浜口隆一が行っている。カーヴァも六〇年代にフルブライト奨学生となっている。

彼らはモダンデザインの地平で日本の伝統を再定義する視線を交換しあっていた。戦後派モダニストの浜口隆一はそのプロモーターとして積極的な活動を展開するようになっていた。

ロックフェラーのプログラム

一九五〇年代の文化外交に決定的な役割を果たしたのはロックフェラー財団である。ジョン・ロックフェラー三世(一九〇六〜七八)とその夫人のブランシェット(一九〇九〜九二)がその主導者だった。彼らはサンフランシスコ講和条約締結のための交渉を担ったジョン・フォスター・ダレスの使節団の一員として一九五一年一月に羽田空港に降り立っている。帰国後の二月、彼らはフルブライト奨学金をふくむ人物交流計画を担う文化センターの創立や、学生・研究者が集まる交流拠点としての国際会館の建設といった項目を含む提言レポートを政府に提出している。正面には出されなかったが、日本を極東の共産化に対する防波堤と位置づけるアメリカの地政学が背後にあった。

図１－４　国際文化会館（1955年竣工）画面右には麻布台ヒルズの超高層群が見える（国家戦略特区法による大規模再開発事業、2023年開業予定）　撮影：筆者

国際文化会館は、一九五二年、ロックフェラー三世と松本《まつもと》重治《しげはる》（一八九九～一九八九）によって設立された。建物は東京麻布の鳥居《とりい》坂《ざか》にあった旧大名屋敷（戦後、岩崎小弥太邸から国有地に編入）を敷地に、前川國男《まえかわくにお》（一九〇五～八六）、坂倉準三《さかくらじゅんぞう》（一九〇一～六九）、吉村順三《よしむらじゅんぞう》（一九〇八～九七）の設計で五五年に竣工している（図１－４）。名実ともに日本を代表する戦前派モダニストたちだ。水平的なのびやかさとアシンメトリー、１階を開放した軽快さ、端正な比例、起伏ある日本庭園との相互浸透。モダンデザインと伝統との接続という問題への模範解答だったと言ってよいだろう。そこでは暗に書院や数寄屋の伝統がふまえられている。

　一九三〇年代以来、近代建築の国際的規準に整合的な「日本的なもの」を過去の建築文化のなかにいかに見出すか、という問題はモダニストの中心議題だった。その論理と造形が五〇年代に再演され、洗練され、多数の良質な作品を産んだ。伝統論は文字通り蘇っていたのだ。

展覧会という交通空間

我々のシンポジウムにレビュアーとして批評的コメントを寄せた建築史・美術史の辻泰岳は、その後に自身の研究成果を『鈍色《にびいろ》の戦後——芸術運動と展示空間の歴史』（水声社、二〇二一）として刊行している。彼は一九五〇年代に活発に開催された一連の展覧会を通していかに建築のモダニズムおよび伝統理解がかたちづくられていったかを実証的に明らかにしてみせる。

一九五二年、東京・京橋のある廃ビルがモダニスト建築家・前川國男の設計により改装され、ニューヨークの近代美術館（ＭＯＭＡ）をひな形とする国立近代美術館が発足する。それは西側世界のモダンアートのネットワークに日本が参加することを意味した。当時建築批評に健筆を奮った神代雄一郎《こうじろゆういちろう》は、「日本が、これほどはげしい文化交流の場となったことがあっただろうか」と述べていた（神代一九五四）。

展覧会とは、提示と批評の交換を通して、国際的な規準が擦り合わされ、あるいは書き換えられていく場だった。実際、「現代の眼：日本美術史から」展（一九五四年一一月～五五年一月）から、「現代の眼：原始美術から」展（一九六〇年六～七月）へと、「日本的なもの」の捉え方は大きく変質していった。五〇年代の前半までは数寄屋・書院といった近世の洗練された開放的住宅建築のイメージだった「日本的なもの」が、五〇年代後半にははるか太古の「原始」へと遡る。

原始的なものと民衆的なもの

ここで、辻の研究が紹介する「メキシコ美術展」（東京国立博物館、一九五五年九〜一〇月）に注目してみよう。前年の日墨文化協定成立を記念する文化外交的な展覧会で、丹下健三が会場設計を担当した。重要なのは、メキシコ芸術院によるこの展覧会の組み立てがスペイン植民地統治時代をまるごと無視し、Ⅰ・古代美術、Ⅱ・現代美術、Ⅲ・民族芸術の三部構成としたことである。「民族芸術」、つまり民衆の造形美術こそが、スペイン支配以前の本来のメキシコ美術の本質を継承しており、それを正しく再生させるのが現代芸術だ、という論理が打ち出されていた。花田清輝《はなだきよてる》の印象を借りれば「プリミティーブなものを、インターナショナルな眼で見なおして、そこに創造のエネルギーを見つけ出そうという、そういう課題」のディスプレイだった（瀧口・花田他一九五五）。地政学的にみれば、ニューヨーク傘下に入ることで、ヨーロッパから文化的に脱却しようとする機運があった。

この型の論理はおそらく当時国際的に流布していた。「原始」には、文明・国家以前の、人類の普遍的共通性を暗示させる修辞的効果もあり、それがモダニズムの国際的ヘゲモニーの宣伝と親和性があったという事情もあったが、同時に原始的なものの力強さに訴えることで近代建築に新たな造形的目標を与える意義が大きかったと思われる。

日本の建築誌でも、この頃までに民家や民芸の造形が、すでに岡本太郎が一九五〇年代初頭から注目し宣伝してきた縄文文化の造形などとつなげて考えられるようになっている。つまりこう考えればよいのではないか。あの、建築分野ではよく知られる『新建築』誌上での「伝統論争」(一九五六~五七)は、すでに国際的な美術批評の定型となりつつあった図式を、あの若き編集者たちがローカルな場で組み立ててみせたものだった、と。

伝統論争

川添登に促されて建築家の白井《しらい》晟一《せいいち》が『新建築』誌に寄せた「縄文的なるもの」をめぐる論考はよく知られている。

日本の建築伝統の見本とされている遺構は多く都会遺構の書院建築であるか、農商人の民家である。江川氏の旧韮山《にらやま》館はこれらとは勝手の違う建物である。茅山が動いてきたような茫漠たる屋根と大地から生え出た大木の柱群、ことに洪水になだれうつごとき荒荒しい架構の格闘と、これにおおわれた大洞窟にも似る空間は豪宕なものである。これには凍った薫香ではない逞々しい野武士の体臭が、優雅な衣摺れのかわりに陣馬の蹄の響きがこもっている。繊細、閑雅の情緒がありようはない。(白井一九五六)

この美しい文章は、プリミティブなものの淵源の深さと力強さに訴えて近代と伝統とのもうひとつの接続回路を提示した、だけではない。戦前派モダニストから丹下健三まで、日本の五〇年代を席巻した数寄屋・書院的な近代建築のすべてを、魔法のランプをよろしく「弥生的なもの」へと封入してしまい、その定型化や硬直化を印象づけながら、ランプの外側の無限のひろがりに「縄文的なもの」という可能性を割り当てたのだ。またここで、縄文も弥生もそれぞれの歴史年代から解放され、相当に茫漠たる類型概念に仕立てられているのだが、「弥生的なもの」は表層の形を、「縄文的なもの」は強い形を生み出す深層のエネルギーを含意していた（図1－5）。

図1－5　『新建築』誌に掲載された民衆的造形のイメージ（伊藤ていじ「山形にみる地方の造形」『新建築』1957年7月号）。貴族的な整頓され洗練された造形ではなく、異様なほどに力強い造形を生み出す民衆的なエネルギーへの注目は1956・57年頃に建築界に急速に広まっていた　撮影：筆者

しかし、それこそが論理とイメージの国際的な交換のなかで共有されるようになっていた、モダニズム再活性化の回路だった。ここで、目に見える現実よりも深層の力を真の現実として重視する姿勢はシュルレアリスム的なものであり、それが民衆への接近とつなが

るのは安部公房や岡本太郎のような例もある。丹下もまたこの「縄文的なもの」の意義を受け入れる。一九五〇年代末から六〇年代へと、湧き起こるように力強い、多彩な造形の創出へと建築界全体が躍動する。造形論の更新は見事に機能した。だが、こうした荒ぶる造形論が民衆そのものとほとんど何も関係ないこともまた真であろう。

6　強迫的パタンと戦後空間

民衆、民、私、みんな……

鳥羽とオオシマの報告を受け、建築家の日埜直彦《ひのなおひこ》はコメンテーターとして近現代建築史にみられる反復強迫的なパタンについて問題提起した。すなわち、戦後の建築をめぐる言説において「民衆」「大衆」などはとりわけ重要なキイワードだったが、しかしそれはその時期のみの特殊なテーマであったわけではない。より長期の視野で見ると、同じ型が文脈を変化させながら反復的に立ち現れ、今日に至るのではないかと。以下に列記してみよう。

さきほどの伝統論争は、一九五〇年代の国家・公共性・都市復興のモニュメンタルな表象の座を占めていた「弥生的なもの」に対し、真の民衆の荒々しくも力強い「縄文的なもの」を提起して状況を書き換えようとしたものだった。六〇年代末から七〇年代にかけて長谷川堯は、近代建築を「昭和・神殿・雄」といった言葉で性格づけつつ、「大正・獄舎・雌」を対置して、形式性よりも身体との親密で直接的な関係性にかかわる表現主義的な建築を掘り起こしていった。七四年の『新建築臨時増刊号　日本近代建築史再考──虚構の崩壊』（新建築社、一九七四年一〇月）では、明治以来の国家主導の近代化のすべてが「官の系譜」として相対化され、「民の系譜」の読み直しが打ち出された。七〇年代に都市から撤退した若い建築家たちを擁護するとき、建築史家の鈴木博之《すずきひろゆき》は彼らの活動の場である郊外を、「社会の全体性」とは縁の切れた「私的全体性」の場であり、それを「他から侵されることを最後まで拒む人間の根拠地」と性格づけた。ポストモダンの展開のなかで、建築が建築のためにあるという自律性が強調されるなかで、写真家で評論家の多木浩二《たきこうじ》は住み手の経験と記憶の堆積としての「生きられた家」の意義を問うた。二〇一一年の東日本大震災のマッシブな国家的復興事業がひとびとを置き去りにしてしまうなかで、建築家伊東豊雄《いとうとよお》はひとつひとつのコミュニティに小さな「みんなの家」をつくろうと呼びかけた。他にいくらでも例をあげることができるだろう。

抑圧する中心と、真実なる周縁

これらに共通するのは、一方で何らかの抑圧的な体制としての中心を捉え、他方で自らを周縁的なものの側に置いたうえで、それをより嘘のない真実として強調することで新しい根拠や造形を打ち出し、状況を組み替えようとするパタンだ。

ところで、日埜はこれが一九五〇年代に始まると言ったのではない。むしろ戦前からあることを指摘している。たとえば一九一〇〜二〇年代の建築構造学者が法制度策定や災害復興などに影響力を拡大して大学や学会に台頭していったのに対して、創造的自由の回復を主張した分離派建築会が抑圧される「私」を対置したのも同型だと。その構造学者たちにしても、一九世紀的歴史主義の牙城としての明治以来の建築アカデミーに対して、地震国日本の民を守ることこそ真実の使命だと主張してきた経緯がある。つまり、ある周縁は別の立場からは中心とみなされうる。

では何が「戦後」的なのか。それは「民衆×伝統」という問題構成が組み立てられ、強固にセットされたことだと本稿は考える。「伝統」は明治以来の重要課題だ。しかし太平洋戦争の敗戦を迎えるまで、非エリート・非知識人・非専門家としての「民衆」(別の呼び名でもよい)が言論の場に持ち出されて建築の表現を基礎づけることはなかった。そのうえ、戦前の伝統論は抽象的に「国民様式」を問うもので、モダニストたちも自身がひな形とした書院や数寄屋が庶民層の文化でないことにとくに疑問を感じることはなかった。自由主義経済が階級差を生むことを知っていたとしても、彼らの多くは自由主義を自明のものとし、身分や階級を文化論に接続することはなかった。彼らは結局のところ、自分たちだけが分かっていると信じるエリート主義を自覚できていなかった。

戦後、憲法は戦争への反省のうえに立ってすべての国民の等しい権利を謳い、建築コミュニティにあってはリアリスト（左派）のモダニスト批判がエリート主義批判として響いた。「伝統」タブーが解除されても、復活する資格のある「伝統」は、「民衆の伝統」でなければならなかったのである。ゆえに書院・数寄屋を範とする一九五〇年代初頭までの近代建築は、早晩乗り越えられる必要があった。それが伝統論争を必要とし、また伝統論争を方向づけた構造だろう。

これ以後、周縁の真実として中央の抑圧を批判できる資格を有するのはほとんど〝無名の人々〟だけとなった。建築家の問題構成はいつも無名の人々の、まだ目を向けられていない真実（リアル）をいかにつかまえて状況を変え、造形を変えるかという焦点に、強迫的に向かうようになった。伝統論争は、戦前からの伝統論を戦後の民衆論の展開へと橋渡しする役割を担ったのだと言ってもよい。そして、すでに伝統論争がそうであったように、いつも民衆の生活そのものは置いていかれる。究極的には、建築家が担えるのは社会改革ではなく、真実なる周縁のレッテルを貼られた民衆なるものに「ふさわしい」空間や造形なのだから。

7　リアリズムがつくりだす無垢について

農村建築研究会

一九五六年、『建築をみんなで』という貴重な本が刊行されている。ＮＡＵ（新日本建築家集団）以後に生まれた様々な建築分野のサークルや運動が中間決算として各々の活動履歴を「総括」したものだ。ＰＯＤＯＫＯ、ＬＶ、建築世代、建築設計事務所員懇談会、火曜会、住宅研究会、日本建築学生会議、ソヴィエト建築研究会、総評会館設計会議などの運動体が各章を書いている。前半は研究サークル的な団体、後半は共同設計プロジェクトの組織である。各章は、機関誌、組織、財政、民衆との結びつきなどの面から運動の「反省」を綴る。彼らはこの本のために会議を重ね、執筆と批評を繰り返した。そのプロセス自体が「運動」と捉えられていたことはもちろんである。

しかし、建築という専門性の立場から、民衆の生活の現実そのものに実践的に介入することを主眼とした運動体は稀だった。同書でも、ほぼ唯一「農村建築研究会」が特異であった。

農村建築研究会はＮＡＵの農村建築分科会（農村建築部会とする資料もある）を実質的な母体と

している。一九四九年に農林省の委託研究として千葉調査を実施した。農村建築の経済的把握という挑戦的な課題に意欲的に取り組んだが、対象とされた三つの村には何も返せなかったことが反省点であったという。五〇年一月二〇日、そのメンバーらが総会を開いて農村建築研究会（農研）が創立された。NAUが事実上機能停止に陥るタイミングで独立の道を選んだことになるが、その創立総会もやはり新日本文学館で行われている。当時、引揚者の国内開拓にかかわる調査が国の喫緊の課題であったこともあり、やはり農林省の委託により多数の開拓団の住居調査が実施された。生活改善に向けた開拓民の努力が報われない実態から社会矛盾を突きつけられたという。

一九五二年には、独自に活動を続けていたNAUK（NAU京都支部）が学生有志を集めて紀伊半島の漁村調査を実施。翌年以降は全国に多数の学生グループが組織されて農漁村調査が展開された。行政の委託研究と違って、学生や研究者と村の若者や女性たちなどとの多彩な交流を生み出した。ある村では学生たちが青年学校の講師に呼ばれ、住宅改善の議論を何時間も交わした。別の村では村人総出の道路工事に学生たちも参加して信頼を得た。食事、酒、歌や踊りもあった。その後も富士調査、小平調査、木曽調査、浅間調査など実に多数の農漁村調査が行われている。農漁家の建築の類型とその形成史、現実の生活上の諸課題、経済的困窮状況などの膨大なデータが積み上がったはずだ。

国民のための建築学

農村住宅の研究なら、戦時中の今和次郎《こんわじろう》や竹内芳太郎《たけうちよしたろう》ら同潤会《どうじゅんかい》による農山漁村住宅改善調査が先駆だ。だが戦後の農研では経済的抑圧や社会矛盾への関心が強く、地主階級、自作階級、旧小作階級などの階層別に住居の特徴を捉える視点と方法が蓄積されていった。農地解放による農村の動揺は相当のもので、階級の問題は無視できるはずがなかった。

もちろん、農研のメンバーが本当にやりたかったのは、住宅の改善・改革だった。その点では、「建築相談」と呼ばれる農家設計コンサルティングの「大衆討議」による実施、あるいは農村の要求に答える「国民のための建築学」の構想を意図した鳥取調査報告（『国民の科学』一九五五年三〜五月掲載）などが注目される。詳細がつかめずもどかしいのだが、建築の専門家や学生が、民衆の生活の現場に根拠を置き、彼らとともに住宅の改善に取り組む、そうした実践的な協働的関係を基盤とする学問が目指されたのだろう。一九五〇年代の文学運動やサークル運動、歴史学・考古学の運動などと共通する問題関心や自問がうかがえるだろう。

「へたくそ詩」をめぐる論争の経緯を思い出してほしい。農研のプロや学生たちは、民衆との乖離に苦しんだのか、あるいは独自の魅力的な成果を出していたのか。その実際を知りたい。射程もアプローチもさまざまであったが、『建築をみんなで』は一九五〇年代の多くの建築運動が目指した共通項を端的に示す。そして「みんなで」は、いまなお多くの建築家を囚えるオブセッションではないか。

ふたたび綴り方運動について

日本近代文学を専門とする中谷いずみは、生活綴り方運動を中心に行った考察のなかで、「本来の」、「あるがままの」、つまり外来の理論や技巧で飾らない純朴な人々として民衆が表象されてきたことを指摘する（中谷二〇一三）。それは知識人にとって「他者の表象」である。自分たちの手が届かないものの記号なのだ。これが民衆の書き方を特定の方向に誘導することにもなった。綴り方の選考、添削、評価ではいつも、書き手は感情や思考の表現を避けることが求められ、人物の行動とそのまわりにある事物を過剰なほどに具体的に細かく描写することが勧められた。それは情報を選別したり、内省的に再統合したりすることのできない「幼い語り手」という純朴な民衆の像をつくりあげた。

知識人はいつも民衆を代弁することに熱意を傾けると同時にそれを嫌悪する。民衆の真のリアルに届かなければ代弁は虚偽だからだ。文学のサークル運動も、農村建築研究会もそうだったろう。だが、そもそも「民衆」を理念的他者として措定してしまうために、はじめから決して届くことなどないのだ。

図1－6　『月の輪古墳』のスライド3枚と、記録映画（右下）（ともに1954年）

白骨の夫婦に涙する

　生活綴り方運動において民衆が描写する彼ら自身の生活技法は、知識人にとっては原始からの苦難のなかで工夫され、歴史の淘汰をくぐりぬけてきた無自覚な文化である。それは政治的支配や経済的困窮にもかかわらず持続してきた彼らの真の伝統だ。つまり民衆のリアルには、歴史の実像を括弧に入れたはるかな歴史的連続性が含意される。先述のメキシコ美術展も思い出してほしい。

　鳥羽耕史がシンポジウムで紹介した、月の輪古墳の発掘（一九五三年八〜一二月）もまた、専門家の「民衆との協働」を通じた「民衆の主体化」という意義をそなえていた。当時岡山大学助手であった近藤義郎《こんどうよしろう》らが、地元の住民、学校生徒、県教組、同労働組合総評議会、大学生らとともに行ったこの遺跡発掘は一種の地域運動として注目され、「月の輪方式」とも呼ばれることになった。記録映画『月の輪古墳』（「月の輪」映画製作委員会、一九五四年）では、泥にまみれる農民と子どもたち、そして教師たちの姿が、その労働（発掘）を通して明らかになっていく先史の人々の労働（生活）に重ねられていく（図1-6）。

彼らの苦労の上に私たちがある。彼らと私たちは同じなのだ。夫婦が寄り添う白骨……。だが白骨に語りも何もない。発掘にあたった農民たちを純朴なものとみなすことで、骨さえ純朴にさせられてしまう。素人の参加は文化財保護の観点から問題視もされたが、現地を訪ねた三笠宮《みかさのみや》は、それは問題ではない、人々が協力しあう姿に「心を打たれた」とコメントした。

8 建築の「綴り方」

農村建築研究会から遅れて

農村建築研究会の活動は、おそらく建築分野において「民衆との協働」を通じた「民衆の主体化」というリアリズムの実践的回路を志向した貴重な運動であった。もっとも、民家の普請はもともと民衆が職人とともに「みんなで」やるものだった。《建築》は民衆からまだ遠い存在だったが、家の普請《ふしん》は違う。もちろん軸組は大工、壁は左官の仕事だが、荒壁の塗りつけや屋根葺きなどは民衆自身の共同作業だった。昔から民衆は文を綴ることはなくとも家はつくっていたのだ。

しかし、高度経済成長（第二章参照）をへて、多くの地域で住み手や地域共同体が家の生産にかかわらなくなっていく。村の大工が手にする建材も道具も次第に変化する。一九六〇年代にはゼロだったアルミサッシュの使用が七〇年代には新築工事のほぼ一〇〇パーセントを覆った。やがて住宅は企業から購入する商品となる。つまり家の生産をめぐる基盤の変容は五〇年代よりも少し後のことなのだ。

現に一九八〇年代に入っていわば「建築の綴り方」、「建築の「やまびこ学校」」とも呼べるものがさまざまに展開したのではなかったか。大野《おおの》勝彦《かつひこ》・渡辺豊和《わたなべとよかず》・石山修武《いしやまおさむ》・布野修司らが立ち上げたハウジング・プランニング・ユニオン（ＨＰＵ）とその機関誌『群居《ぐんきょ》』はその代表的なもののひとつだろう。そこでの問題は工務店や大工たちを、地域の住まいに問題意識を持ち、つくり手として地域コミュニティとともに改革していくエージェントとして主体化することだった。

また一九六七〜六八年頃から七〇年代を通じて、大学研究室や若手建築家らのあいだで空前の大ブームとなったいわゆるデザインサーヴェイ運動もまた、ある意味で「綴り方運動」がやや遅れて建築の分野に現れたものだったように見える。急速に失われてゆく伝統的な集落の風景を、あるいはその平面図や立面図を、異様な努力を傾けて細部まで克明に描く作業。もちろん描き手は住民ではなく学生だったが、論理よりも徹底した描写を重視したこと、民家の力強い造形ではなく集落や町並みという集合的な無意識に関心が向けられるようになったことには注意を要する。

デザインサーヴェイ運動にはふたつの層がある。ひとつは戦後派モダニストのなかに現れた自己批判であった。一九六〇年代にスター建築家たちが未来派的な都市・建築ビジョンを提示しながら、オリンピック施設、ニュータウン開発、大規模建設に奔走するなかで、民衆的伝統としての集落に目を向けることで、デザインに倫理的基準を与えようとする人々が現れたのである。もうひとつはひとまわり若い世代の感性の噴出だった。学園紛争とも重なる世代の彼らは飲み屋街の雑然たる活気やコンクリートの団地こそを自分たちのリアルとみて、自らの身体をそこに無距離で接着するかのような記録作業にのめり込んだ。

またよく考えてみれば、まちづくり、住民参加なども「民衆の主体化」という課題であることはいうまでもないし、公害闘争、日照権闘争なども、自らの生活を観察し、表現し、そうして自らを主体化していく経験となっていたはずだ（第三章参照）。文学で先んじて問われていた問題は、こうして「重い」生産関係のなかでつくられる建築・都市の場合、実践的な問いに迫られることで、段階的に様々な局面でかたちを変えながら問われて今日にいたるのだろう。

戦後空間は終わったのか

では今日、私たちは建築の主体をめぐってどんな状況を目の当たりにしているだろうか（終章も参照）。たとえばグローバル都市の大規模開発はどうか。地方の公共施設はどうか。オフィスビルの改装はどうか。商店街や住宅街、農漁村集落などで経験が積まれている建物リノベーションと地区再生はどうか。里山再生はどうか。あるいは震災復興まちづくりはどうか。

それぞれにプロジェクトの統治と生産の体制が定型化され、それらが互いにほとんど無関係に共存している。たとえば地方公共施設の場合、設計プロポーザルをへて選ばれた設計者が役所や地元企業、施設運営会社などと連携しながら、市民参加のフィールドワークや設計ワークショップを何度も重ねてデザインを発展させていく。一九五〇年代のモダニスト建築家たちにはこんな時代が来るなど想像できなかっただろう。

何が言いたいかといえば、知識人建築家と民衆などという二項対立的な問題設定はもはや粗すぎて、誰もそんな枠組みで葛藤したりはしていない、ということだ。住民たちも多彩な経験を積んでいる。市民は無垢ではないし、ましてや無力だと決めつけたらとてもではないが建築などやっていられない。彼らが織りなす複雑な動的関係のマネジメントを建築家が担うことも少なくない。

それでも激甚《げきじん》災害の被災地に向き合うと「戦後空間」はそうとは知らずに呼び戻される。私たち建築家は本当に民衆のために設計してきたか。民衆の無垢な喜びと、私たちはもっと率直に一体化すべきではないか……。そうしてたとえば公的に供給された仮設住宅団地に入って、その住環境を改善するために建築家たちが投じる工夫や労働は真摯なものだ。だが、それが災害後の復旧復興の根本的問題とはほとんど関係がないことをほとんど誰も論じない。「民衆」を無垢なものとし、そこに自らの身体を重ね合わせることで、建築家がそなえるべきより大きな批判的構想力、全体を見る眼が失われがちになる。「戦後空間」の残滓《ざんし》のようなセンチメントは、社会にとっても建築にとってもときに足かせや損失にさえなりかねないのではないか。

歴史の読み直しへ

今後本章が提示した視点で戦後建築史が読み直されるとして、まずモダニスト・バイアスが二一世紀を二〇年もまわった今日ほとんど修正されていないことにはよほどの自覚が必要だ。それを修正できるだけの厚みをモダニストの英雄物語の外につくり出していく必要がある。農村建築研究会はその筆頭だろう。その実態の把握が進めば、建築や集落の計画理論、住民参加論、「路上の系譜」などとまとめられがちな無名のものへの多彩な視線、様々な伝統論など、多くのことがらがこれまでとは違って見えてくるだろう。

建築のリアリズムを掘り起こしていく際、その思考や実践が「民衆」をいかに無垢で純朴なものとして本質化し、無力化してしまったかを明らかにすることは重要だ。だがそれよりも、現実の運動のなかでそうした無垢の民衆像がいかに裏切られ、予期せぬ出来事がいかに建築論を揺さぶったかを積極的に評価する姿勢が重要だろう。そうした変容の連鎖こそが、あの「裂け目」に囚われ引き裂かれた思考や実践を、時間をかけて縫い合わせてきたプロセスなのだろうから。戦後空間は強迫であり桎梏《しっこく》だったかもしれないが、他方でそれがなければ今日の建築家が平然と人々と協働する姿はなかったかもしれない。

第二章

技術・政策・産業化

――一九六〇年代、住宅の現実と可能性

内田祥士

本章の構成

本章のテーマである「技術・政策・産業化」は、戦後空間WGが二〇一九年一月に開催した戦後空間シンポジウム02のメインテーマである。このシンポジウムは、平山洋介《ひらやまようすけ》氏（神戸大学、建築計画）の「政策」についての講演と松村秀一《まつむらしゅういち》氏（東京大学、構法計画）の「技術」について講演に対して、祐成保志《すけなりやすし》氏（東京大学、社会学）と磯達雄《いそたつお》氏（建築ジャーナリスト）にコメントをいただくという構成で、住宅政策とその工業化について、建築計画と構法計画の側からそれぞれの研究成果を開陳していただくという企画であった。本章は、このシンポジウムを糧に、戦後空間における住宅の変遷を、技術・政策・産業化という視点から、住宅が商品化していく経緯に注目しつつ概観したものである。

構成は以下の通りである。まず、第一節で、前提として共有しておきたい点を四つ提示した。第二節では、住宅政策の視点から、高度成長期を前後二期に分け、それぞれの時代を概観した後、さらに二つの視点から検討を加えた。第三節は、極めてコンパクトな戦後住宅技術史と捉えていただいて構わない。技術と政策との協調や葛藤が垣間見えればと思う。第四節は、産業化の視点から、今日一般化しつつある商品化住宅の成立過程と現状を検討したもので、本章の要の部分にあたる。住宅は買うものという戦後の認識と、ならばそれは商品だという現代的な定義の間には、今日においてなお、大きな溝がある事実を指摘しつつ、商品と呼ばれる所以と、商品で良いのか

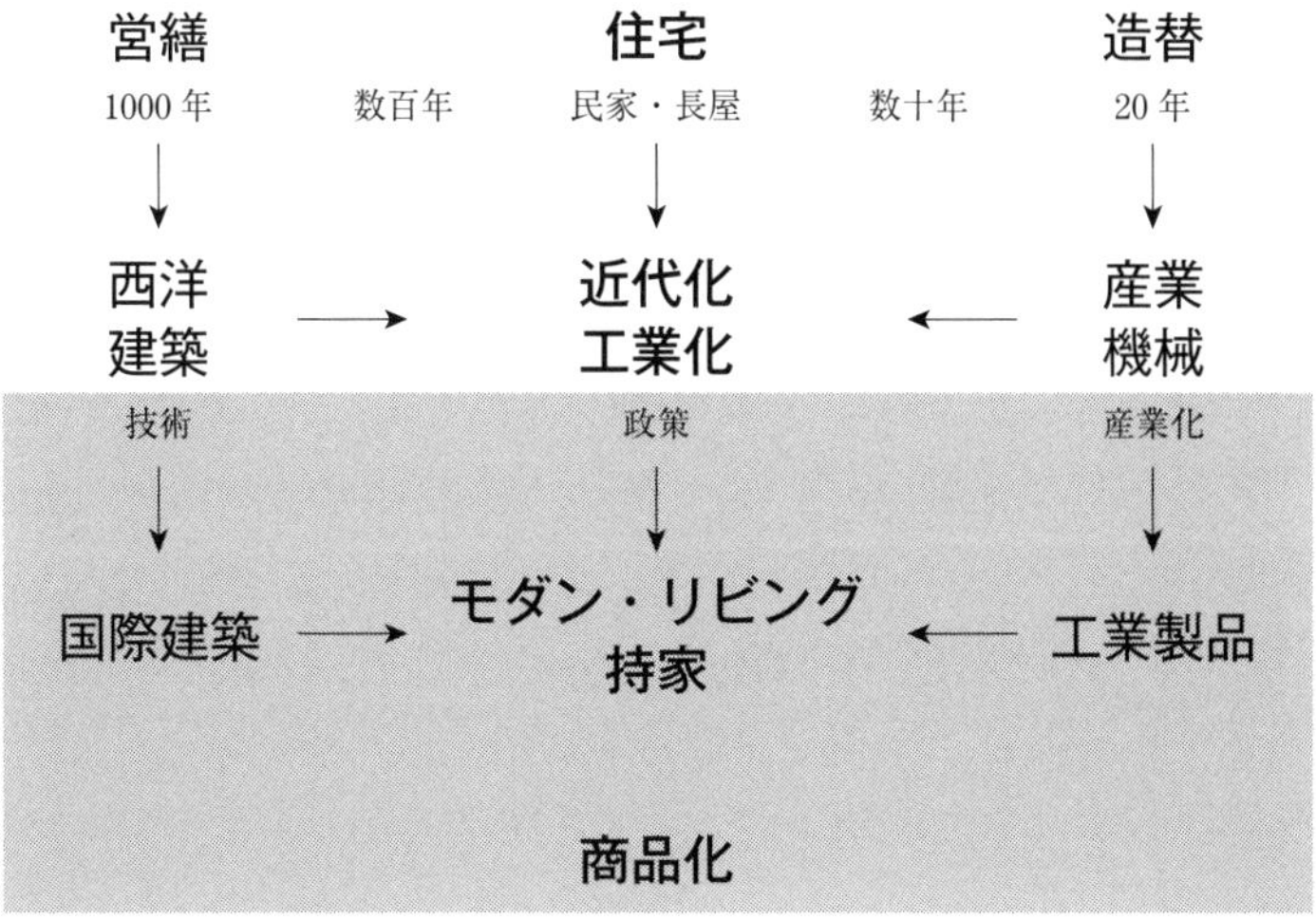

図2−1　ダイアグラム：工業化から商品化へ

という疑問の根拠に言及している。最終節は、前節の溝を葛藤と捉えて、商品化に大きく傾倒したかに見える現代住宅をどのように考えるか私なりに論じた一節で結論ではない。より正確には、葛藤がある以上、結論は見出せないという意味で、幾分かの口籠もりを含んだ一文になっている。

1　いくつかの前提

戦後の住宅政策

一九四一年に発足し、戦時体制下で住宅政策の担い手となった住宅営団が閉鎖されたのが四六年一二月、ＧＨＱから設立を要請された特殊金融を具現化すべく住宅金融公庫法が成立したのが五〇年、公営住宅法の成立が五一年、日本住宅公団法の成立が五五年であった。ここまでが敗戦後一〇年間の大雑把な推移で、これらの法律をまとめて住宅三法と呼ぶ。

長年、日本の住宅政策を研究してきた大本圭野《おおもとけいの》は、膨大な聞き取り調査を糧とした『証言　日本の住宅政策』（日本評論社、一九九一）の中で、敗戦から一九四〇年代後半が、住宅政策の再興期、それに続く五〇年代前半が、住宅の階層別政策が確立する整備期であったと述べている。さらに、近年の知見を背景に、戦後の住宅政策が、戦前の継続と断絶の両面を持っていること、その断絶部分を担ったのが「GHQによって勧告された特殊金融という公的住宅金融にもとづく持ち家政策」であり、継続部分を担ったのが「戦前官僚機構によってつくられた戦時住宅政策」であったと概観した上で、「GHQは政府による住宅の直接供給方式ではなく、個人の活動に対する政府の土地および資金援助を中心とする間接的住宅供給方式を望ましいと考えていたと思われる」と記している（大本二〇〇五）。

GHQの勧告の趣旨は、世界恐慌によって疲弊した経済を復興するための政策として導入されたニュー・ディール政策を範としたもので、戦禍によって灰燼《かいじん》に帰した都市のための住宅政策ではない。しかもアメリカの住宅は、第二次世界大戦の戦禍を経験していない。この点では、戦禍を免れなかった西ヨーロッパをこそ参照すべきであったとの見解もあろう。

戦前の官僚機構の流れを汲む日本住宅公団も、戦後の市民意識の理解に相応の苦労があったと推察されるし、むしろ、公営住宅法に、関東大震災復興時の同潤会の再来を期待した人も多かったかもしれない。しかし、こちらは、量を担うには至らなかった。公団のほうが戦後の住空間の啓蒙に力を発揮したように思う。

戦後日本の住宅政策は、資金援助を中心とする個人主義的なアメリカ型の政策と、戦時体制下の統制的な政策を糧としたが故に、官僚主義的な公営住宅法と、同様の背景を持ちながらも戦後らしい啓蒙主義的な意欲を持った日本住宅公団という構成で始まる。

持家社会

敗戦直後の住宅、特に都市住宅の実際については、檜谷・住田が興味深い研究を提出している。彼らは、大きな転換期となったのが昭和一六〜二三年（一九四一〜四八）で、特に敗戦直後に建設された持家の六七・五パーセント（二四都市平均）が借地に建設されたものであった事実を明らかにした。その上で、この時期の持家率の増加が戦災による戦前借家の滅失を契機とすること、それに終戦直後の自力建設による応急的な持家建設と借家の持家への転換が重なったと指摘し、昭和「二〇年代に建設された住宅の大半は持家で、これが戦後の都市持家の普及を大きく方向付けた」とまとめている（檜谷・住田一九八八）。ちなみに、この時期の持家建設は、喫緊の必要性からのやむにやまれぬ自力建設で、住宅金融公庫設立以前の話である。金融公庫の拠って立つ基盤が、この時期に、日本社会の側に生まれていたとする分析である。

平山洋介も、『住宅政策のどこが問題か――〈持家社会〉の次を展望する』（光文社新書、二〇〇九）の中で、終戦直後の住環境を、次のように振り返っている。

政府は戦時と終戦直後の社会不安を鎮める必要に迫られ、地代家賃統制令は三九年と四〇年、および四六年に交付された。地代家賃の統制が借家供給の誘因を壊したことから、多数の世帯が持家の自力建設によって住む場所を確保しようとした。家主にとって借家の維持は負担でしかなく、借家人に対する住宅の払い下げが進んだ。（平山二〇〇九）

地代家賃統制令は、戦前にも公布されており、一九四六年の交付の意図は、社会不安の沈静化にあった。しかし、これが、結果的に持家志向を強く促したとの指摘である。これを都市生活者による自力建設と借家の経営に行き詰まった地主の利害の一致と捉えるか、敗戦を契機に戦後を自立的に生きようとする都市生活者の自助努力が地主に底地の払い下げを強く促したと捉えるかは意見の分かれるところだ。持家社会への転換は、確かに両義的だが、政策的誘導というよりは、戦争を経験した都市生活者の選択であった可能性が高い。

成長の開始

一九六〇年代に入ると住宅の供給環境は一変する。その起爆剤となったのが、朝鮮戦争（一九五〇〜五三年）による特需であった。しかし、それは今日から見ればの話で、休戦協定の成立は、当初、経済的な行き詰まりを予感させるものであった。たとえば、中野好夫が文藝春秋の一九五六年二月号に発表した「もはや戦後ではない」という有名な一文は、敗戦の年の一二月に長谷川《はせがわ》如是閑《によぜかん》が同誌に書いた「負けに乗じる」や、その翌年に発表された坂口安吾の「堕落論」に象徴される戦後の気風を受け止めた上で、特需の終焉がもたらす困難を予見しつつ、真摯な将来像の検討を促したものであった。しかし、その懸念は五六年後半には払拭され、日本は高度成長期に入る。

ここに、先の中野の言葉を引用した昭和三一（一九五六）年度版『経済白書』が、多様な解釈を生む理由の一端がある。『経済白書』が刊行されたのが一九五六年七月、この時、既に好景気に入っていたという視点に立てば、「もはや「戦後」ではない」（笹山他編二〇二〇）を、苦しい戦後は終わったという意味に読むこともできるし、白書執筆の時点では、未だそれは自覚されていなかったとの視点に立てば、中野の言うように困難を予見した一文と読むこともできるからだ。また、国民に好景気の意識はなかったが、経済企画庁は既にその兆候をつかんでいたと考えれば、力強い啓蒙と読むことも可能だろう。

とはいえ、多様な戦後観が交錯する中で、重層的な構成を持った住宅政策がそれなりの成果を上げるためには、経済成長とその継続は必須であり、結果として、あるいは政策の成功によって、約一五年以上の長きにわたってそれは実現したのである。

成長期の住宅

先の『経済白書』には「今後の成長は近代化によって支えられる」と書かれている（同二六五頁）。これを住宅建築にあてはめれば、工学的には工業化であり、生活科学的には和風の近代化、あるいは近代的生活への移行であった。当時、近代的生活といえば、欧米の近代的生活空間と同義語であったから、それは、機能的な洋室と椅子式の生活に象徴されるモダンリビングであった。

工業化では、ル・コルビュジェの「住宅は住むための機械である」（『建築をめざして』）という発言が有名だが、実際の試みとしても、フランスにはプルーヴェの工場製住宅、ドイツにはバウハウスのグロピウスらが試作したスティールハウス、アメリカにはフラーのダイマキシオンハウスや才気あふれるイームズ邸が参照すべき先例として存在し、国内には、前川國男のプレモスを筆頭に、広瀬鎌二のSHシリーズ、トヨタ自動車を母体とするユタカプレコン等、こちらも多種多様な試みが目白押しであった。

これらの試みの根幹にあったのは、建築部品（ビルディングエレメント）を工場で生産し、それを現場で組立てる、あるいはさらに一歩進めて、住宅をいくつかのユニットに分解し、各ユニットを工場で組立てて現地で連結するという考え方であったが、その背景には、次のような理念があった。

それは、工場が良質な製品の量産と価格破壊を可能にする施設であるという自動車や家電といった工業製品での経験を糧に、建築部品を標準化し、工場で量産すれば、良質な住宅を短期間に大量に、しかも手頃な価格で供給できるという理念である。直ちに実現することは難しいにせよ、社会的存在たり得たいと願う建築家や研究者が、それを目標として取り組む根拠としては十分な説得力を持っていた。ここに、先の多様な取組の根拠があった。金融公庫も品質向上に大きな貢献を果たした。特に、融資を受けるために住宅が満たすべき技術基準を示した公庫仕様の力は絶大だった。

生活の近代化という点では公営住宅の51C型[1]や、日本住宅公団の2DK型住戸が詰め込まれた鉄筋コンクリート造の住棟が日本のモダンリビングを牽引し、民間マンションにも大きな影響を与えた。もちろん、アメリカの雑誌「Arts & Architecture」からの触発も大きかった。

一方、戦後の日本建築史研究を牽引した太田博太郎が『書院造』（東京大学出版会、一九六六）の中で、当時の住宅を次のように分析していた事実にも注目しておきたい。

今日の日本住宅の大部分は、まだ中世末から近世初期にかけて成立した、いわゆる書院造のうちに含まれるといっても過言ではない。そうなると、今日の住宅に関する、いろいろな問題を考えるためには、まず書院造というものをよく知り、それがどのようなものであり、どのようなものから

1　公営住宅の標準設計（平面計画）、一九五一年に建設省より各自治体に提示された。51は一九五一年の略、Cは規模（一二坪）を示していた。

のように成立し、どのように変化して今日に至ったかを知らなければならない。（太田一九六六）

同書の刊行は一九六六年であるが、太田のこの一文に、冒頭の「まだ」以外、床の間と違い棚を設えられた長押を持つ和室の消滅を予見する言葉は見出せない。そのような時代でもあった。

戦後の住宅は、構造も構法も様式も実に多様であったが、量的には、伝統構法の影響を色濃く反映した在来木造構法が圧倒していたから、むしろ、近代的という前提すら極めて相対的で、量的充実という点でのみ一貫していたと概説するほうが事実に近いだろう。

建築界は、構法をめぐる議論も、デザインをめぐる議論も多種多様で、したがって、あらゆる部分・分野で、矛盾や葛藤を抱えていたが、それらが顕在化する暇がないほどの需要に恵まれていた。高度成長期、特にその前半期というのは、それぞれが自らの主張を糧に多様な実績を上げることのできる、実に自由闊達な「量」の時代であった。

2　住宅政策

一九五〇年代後半から六〇年代前半

大本は、一九五〇年代後半から六〇年代前半を「高度成長前期」と区分した上で、そこに「民間自力と持家政策の確立」という見出しをつけ、先の『経済白書』を「この時期にわが国の生産力水準は戦前水準を上廻り、日本の高度成長が本格的にスタートする」と受け止めた上で、住宅政策の重点を次のように列挙している。その第一は、労働力確保としての住宅供給の拡大、第二は「民間自力としての持家政策」である。ちなみに、第三は「宅地開発および新都市づくり」になっている。住宅政策の重点は都市に置かれており、具体的には、そこで働く人々のための持家供給とそのための宅地開発であった(大本一九九一)。

平山は先の著書の中で、興味深い研究成果を紹介している。それは、ジム・ケメニーの住宅システムに関する研究である。ケメニーは住宅システムをデュアリズム(Dualist Rental Model)とユニタリズム(Unitary Rental Model)という二つの類型に大別した。デュアリストの政府が「持家取得に援助を集中し、社会賃貸住宅には残余的な位置づけしか与えない」のに対して、ユニタリストの政府では「社会賃貸セクターは手厚い援助を受け、公共セクターだけでなく、民間の多様な非営利組織によって担われる」とその相違を明らかにした(平山二〇〇九)。

この分析だと、戦後日本の住宅政策はデュアリズムに強く傾倒してきたことになる。ちなみに、デュアリズムを採用する国として挙げられているのが、イギリス、アイルランド、アメリカ、カ

図2－2　高度成長期の郊外団地、西武庫団地（1964年）　提供：UR都市機構

ナダ、ニュージーランド、オーストラリア等であるのに対して、ユニタリズムのグループには、スウェーデン、デンマーク、ドイツ、フランス、オランダ、スイス、オーストリアといった諸国が挙げられている（平山二〇〇九）。

戦禍で住宅を失った多くの国が、むしろ、ユニタリズムを採用していた事実には注目したい。私たちが、戦禍が大きかったにもかかわらず、ヨーロッパ大陸の国々とは異なった道を選択した事実は、認識しておく必要があるからだ。

一方、日本史の教科書では、戦後社会を記述するに際して、都市で生活する人々が構成する社会を「大衆消費社会」と呼び、そこには必ずといってよいほど、郊外団地の写真が掲載されている。核家族を念頭に採用された2DK型の住戸の並ぶ住棟である（図2－2）。当時は、木造・鉄筋コンクリート造の相違を超えてこの住戸型式が採用され、マンションも、マッチ箱を整列させたような木造戸建住宅も、その多くがこの型式であった。

もちろん、2DKの2は和室であることが多く、床の間はなくとも長押が設えられており、そこにはハンガーが掛けられていたりしたから、太田が言うように、戸建住宅に限らず、それこそ木賃アパートにおいてなお、和室には書院の片鱗が残っていた。

一九六〇年代後半から七〇年代前半

この時期、いわゆる住宅三法に加えて、一九六五年に地方住宅供給公社法が、六六年には住宅建設計画法が成立する。大本は、六〇年代後半からオイルショックまでを高度成長後期と区分した上で、そこに「住宅政策の総合化」という見出しをつけ、人口の都市集中が地価の高騰を招き、「狭小過密住居」の問題が顕在化したと述べている。さらに、郊外のベッドタウン化が、遠距離通勤化を加速し、新興住宅地では日常生活施設の不足が顕在化、さらに、コミュニティ形成問題が目立ちはじめたと指摘した上で、「住宅政策の総合化」の主要な担い手となった「住宅建設計画法」の問題点を次のように指摘している。

一つには、計画法が新設住宅の建設目標を達成するための手段であって、既存住宅の管理および維持に対するものではない点、（中略）第二に、過去のトレンドからのみ住宅供給戸数を設定していることによって、住宅の平均耐用年数を短縮化することにあずかっている点、第三に、住宅建設の目標が、階層別の公的住宅供給の計画化が中心で、民間自力を強調しながらも民間住宅供給の計画化には直接的政策手段をもたない点、第四は、計画法が宅地供給計画および宅地政策と直接リンクしたものではなく、そのため地価が高騰した場合には住宅建設の目標を達成しにくくする点、第五は、計画的住宅供給を制度化したといっても、それはあくまで努力目標にすぎぬものである点――これらの諸点に集約されている。（大本一九九一）

ここでは、「技術」と「産業化」に関わる項目として、第二の部分に注目したい。当時の既存住宅の多くが狭小過密住居であった事実を看過した上でなお、その戸数に注目すれば、概ね一九七〇年頃には、戦後の住宅建設戸数が、日本の全世帯数に達したとされている。もちろん、敗戦直後の自力建設住宅の建替は必須と考えた人も多かったはずだから、これを以て住宅市場が飽和状態に至ったと考えるのは早計だし、狭小過密の克服は重要な課題でもあったから、六〇年代後半にも、依然として根強い需要が存在した。したがって、短期的には、近年の実績を念頭に将来の供給戸数を設定すべき根拠は、未だ失われてはいなかった。しかし、そうした数値目標の設定が、住宅市場が成熟した後も継続し、住宅の質的向上より、建替需要喚起策として機能するようになった。大本は、そのような分析を背景に「住宅の平均耐用年数を短縮化することにあずかっている」と批判している。

つまり政策の主眼が住宅の生産量におかれつづけたために、建替えが奨励される構造ができあがってしまったという批判である。耐用年数という言葉を術語として用いると法定耐用年数ということになるが、木造住宅の法定耐用年数は、わが国で初めて耐用年数が定められた一九一八年には三五年であった。敗戦直後に建設されたものについては一五年まで短縮されたが、五一年に三〇年に見直された。しかし、七六年には二四年に、現在は二二年にまで短縮されている。したがって、短縮化の流れの中にある。この点は、鉄筋コンクリート造でも鉄骨造でも同様である。

一九四〇年代後半、都市部に建設された木造住宅の多くは、法的にも、歴史的経験を糧とした常識を前提にしても、建替あるいは修繕の対象となるべき時期にあった。これに対して五〇年代以降に公庫の融資を受けて建てられた在来木造住宅の多くは、これも例外の存在を認めた上でなお、品質的にはより良質な住宅で、より長い使用期間を期待できる住宅であった。

大本の発言は、『証言　日本の住宅政策』刊行当時、あるいはそれに近い時期の状況分析を糧とする批判なので、その真意は、公庫仕様で建設された住宅の建替需要が顕在しつつあることへの懸念である。換言すれば、耐用年数の短縮のみならず、平均建替周期が住宅の品質と直接結びつかない形で短縮しつつあることに対する懸念と受け止めるべきだ。

法定耐用年数

ここで、耐用年数という術語あるいは制度を共有しておきたい。術語としての耐用年数は法定耐用年数と呼ばれ、減価償却の根拠となる年数である。減価償却の制度自体は、法人向けの制度で、個人住宅とは無縁な印象があるが、売却や相続の折には、査定根拠になっている。

あらかじめ申し上げておくが、一九六〇年代の住宅建設にこの制度が大きな影響力を与えた印象はない。しかし、先の大本の指摘にもあるように、特に、八〇年代後半以降に顕在化する建替需要に大きな影響を与えている。そこで、その導入経緯とその後の展開を大西淳也・梅田宙「耐用年数についての論点の整理」（財務省財務総合政策研究所総務研究部、二〇一九年五月）を糧に概観しておきたい。

減価償却の概念は、産業革命時代の英国で、長期間使用する固定資産を事業年度ごとに費用化する手法として成立したもので、当初、まさに産業革命の成果と言うべき船舶・機関車等の重機械に導入された。一九一八年には、その根拠となる耐用年数（当時は堪久年数）の対象範囲は、建物、構築物、船舶、車両、機械装置等三四六項目に拡大された。耐用年数と言う以上、当初は、物理的耐用年数との趣旨であったとされている。

耐用年数は、その後、戦時体制下で軍事産業への投下資本の早期回収の観点から極端に短縮されたが、敗戦後の一九四六年に法制化され平常状態に戻された。しかし、五一年に前年のシャウプ勧告に対応すべく見直しが行われ、その折、「効用持続年数」という術語が登場し、それが法定耐用年数として採用され約二割短縮された。以後、短縮傾向は止まらなくなる。

効用持続年数とは、性能が維持される期間という趣旨で、事実上、物理的耐用年数から経済的耐用年数への転換を意味した。しかし、その後も、現在に至るまで、法定耐用年数という術語が用いられている。

とはいえ、当時、鉄筋コンクリート造の耐用年数は、後に述べるように十分長かったし、木造住宅の多くは、民家や書院造の流れを汲む和風住宅であったから、法的定義より歴史的知見の方が信頼されており、この制度が、当時の住宅設計や生産に大きな影響を与えることはなかった。さらに、当時の住宅不足は依然深刻であったから、以上のような制度と現実との齟齬が問題視されることもなかった。

しかし、建築に耐用年数が定められている以上、法的には、それが減価償却資産であると規定されている事実は、認識しておく必要がある。日本は、土地と現金等極々限られた資産以外は全て減価償却資産で、時とともに価値を失うべきものとの法規定を構築し、戦前戦後を通じて堅持し、今日も維持している。

住宅か建設か

先の、大本の懸念の現実化を、より明確に指摘した例として、ここでは『講座現代居住1　歴史と思想』（東京大学出版会、一九九六）の編者早川和男《はやかわかずお》の見解を取り上げておきたい。大本の懸念表明から五年後の文章である。彼は「総論　現代住宅への基本視座」の中で次のように書いている。少し長くなるが、当時の状況を概観できる一文として取り上げたい。

日本では、太平洋戦争の空襲で全焼壊二三三・三万棟、半焼壊一一・一万棟の住宅が破壊された。だが現在はこれに近い住宅が毎年のように壊されている。たとえば、一九八三年の日本の総住宅戸数は約三八六七万戸、九三年は四五八八万戸であった。つまりこの一〇年間に日本の総住宅戸数は約七二一万戸増えた計算になる。ところがこの間に建設された住宅は約一四七八万戸である。その約半分の七五七万戸はどこに消えたのか。建設省の建築滅失統計は、毎年の滅失住宅戸数を滅失理由とともに推計している。滅失理由は、①老朽化して危険があるため除却、②その他の除却（道路の拡幅工事・区画整理などによる除却）、③災害、の三つに分かれる。一九八三年の滅失住宅戸数に占めるそれぞれの割合は、①四一・八％、②五二・三％、③五・九％で、都市再開発などを原因とする滅失が半数以上という大きな割合を占める。その数値は、一〇年後の一九九三年にはそれぞれ①三四・三％、②六二・六％、③三・〇％で、日本の住宅建設・都市開発におけるスクラップアンドビルドの傾向は甚だしく、かつ勢いを増している。これには八〇年代後半の地上げ等の影響も大きく作用していよう。

このことは、多くの矛盾を招いている。大量の住宅建設も住宅ストックの増大に直接結び付かない。(早川一九九六)

この指摘は、大本の懸念の顕在化を、数値とともに指摘したものだ。一九九六年という刊行時期から考えて、早川自身も言及しているように、バブル経済の影響を引きずる時期に、大本の懸念の顕在化を憂慮した一文である。

さらに、前段の「日本の住宅建設・都市開発におけるスクラップアンドビルドの傾向は甚だしく、かつ勢いを増している」との見解にも注目しておきたい。滅失推計の信頼性に対する疑義は常に存在するし、住環境整備という論点では常に道半ばではあるが、この時期、住宅市場は、既に成熟期を迎えている。早川の憂慮は、バブルの影響を含めて、明らかに本来の意味での建替需要とは別次元で需要喚起が起こっている点に向けられている。

3　工業化住宅から商品化住宅へ

一九五〇年代後半から六〇年代前半

ここで、論点を政策から技術に移し、再度、近代化の経緯を振り返ってみたい。戦後の住宅供給は、圧倒的な量を在来木造に依存する状況から始まった。在来木造を誤解を恐れずに概説すれば、たとえば、ツーバイフォーのような、近代以降欧米から移入された技術以外という定義になる。

むしろ、新しくない技術の総称と言ったほうが分かりやすいだろう。同時に、新しい外来技術を受容し徐々に変わっていく力も持った技術でもある。古い保守的な技術に対しては、別に伝統構法という呼称が存在するからだ。たとえば、先に言及した書院造は伝統構法の強い影響化にあった。

圧倒的な量を担っている技術の近代化は容易ではない。さらに、国内に資源と潤沢な労働力が存在し、材料費に比べて人件費の負担が小さかったこの時代、在来木造の生産能力は非常に高く、その近代化は極めて緩慢で顕在化しにくかった。敢《あ》えて、そこに近代化の兆しを見出すとすれば、金融公庫の仕様書が普及しはじめ、金物による補強や基礎のコンクリート化、台所や設備機器の近代化等が進み、ようやくアルミサッシュの販売が始まり、石膏板が普及し始めた事実を指摘できるが、在来木造自体に大きな変化は見出せない。

近代化という点では、むしろ、近代工業技術として移入された鉄筋コンクリート造や鉄骨造の変化のほうが可視化されやすかったが、こちらも潤沢な労働力に依存する傾向が高く、見えにくかった。もちろん、庭に置く子ども部屋というキャッチフレーズで登場したミゼットハウス（大和ハウス工業の商品名）の販売開始は一九五〇年代末であったし、プレファブの現場小屋や仮設教室等も実用化しつつあったが、ここでは、こうした先駆的あるいは仮設的な建物よりも、徐々に進みつつあったが、後に大きな転換の糧となる技術や材料の開発や普及に紙面を割きたい。

鉄筋コンクリート造でいえば、現場にセメント・粗骨材・細骨材等を持込み、それに水を加えてミキサーで混練する時代から、工場で調合しミキサー車で混練しながら搬入する生コンの時代に入る。今日から振り返れば、工場で生産したコンクリートパネルを、現場で組立てたほうが効率的な印象があるが、必ずしもそのようには進まなかった。この点については、材料研究の視点から友澤史紀《ともさわふみのり》が「現場打ちコンクリート工法においても、生コン化がほぼ完了し、一九六五年以降はトラックマウントのコンクリートポンプが急速に普及してコンクリート工事の能率は一挙に数倍から一〇倍程度に合理化され、プレキャスト化による合理化に拮抗した」と記している（友澤一九九九）。こうした並行的な展開を、ここでは工業化の多様性と捉えて詳述は省略するが、背景には、建築が敷地や予算の制約から単品生産を旨とする傾向が強かったにもかかわらず、現場にそれを実現するために必要な労働力が潤沢に存在した事実があった。

一方、鉄骨造は、当初から、この種の多様性とは無縁であった。松村秀一は、建築構法計画の立場から、当時、建築業界の将来需要を期待して計画された鋼材開発の経緯を、最大手であった八幡製鉄を例に、一九五五年には、リップ溝形鋼（いわゆるCチャンネル）等の生産が開始されたと述べた上で、

溝形鋼を構造部材に用いた住宅の試設計・試行建設も、昭和三〇年に設立された「日本軽量鉄骨建築協会」の手によって行われ、その際の成果がすぐさま各種の軽量鉄骨造プレファブ住宅の開発に取り入れられた経緯がある。（松村一九九九）

と結んでいる。鉄筋コンクリート造では生コンプラントの普及とポンプ車の汎用化がプレキャストコンクリートと拮抗していたが、鉄骨造では、製造方法に熱間・冷間といった相違は存在したが、全ての鋼材が工場で量産される形鋼《かたこう》で、工場への依存度は鉄筋コンクリート造に比べて圧倒的に高かった。

一九六〇年代後半から七〇年代前半

一九六〇年代も後半に入ると、いわゆる工業化住宅の可能性が、複数の企業で現実化しはじめる。正確には、工業化住宅と呼ぶに相応しいプロトタイプあるいは製品化が複数のメーカーで実現する時期に入る。松村らは「プレハブ住宅メーカーの住宅事業開始初期の技術開発に関する研究」（松村・権藤・佐藤・森田・江口二〇一三）の中で、大手プレファブメーカー九社を取り上げ、その技術開発の経緯を概観しているが、現在も生産を続けている大手メーカーの多くがこの時期までに製品化あるいはプロトタイプの発表に漕ぎ着けている。当時開発されたプレファブ住宅は、そのほとんどが戸建住宅で、共同住宅ではなかった。

共同住宅の担い手となったのはマンションであった。マンションの定義は今も流動的だが、鉄筋コンクリート造マンションは、都市住宅の担い手として大きな役割を果たした。最初期のマンションとしてしばしば取り上げられる「四谷コーポラス」の販売を契機に、一九六三年に区分所有法が施行され、不完全ながらも住宅ローンを利用した購入が可能になると、いわゆるマンションブームが起こる。マンションブームという名称は、六〇年代前半を第一次、六〇年代末を第二次と分けて呼ぶ場合が多いが、むしろ、六〇年代、都心部はマンションブームであったと言ったほうが分かりやすいように思う。当時のマンション建設は、もちろん、例外の存在を認めた上でなお、量的には、その大部分が現場打ち鉄筋コンクリート造の中層共同住宅であった。現場打ちコンクリートは、関東大震災で、煉瓦造の耐震性能に強い疑問が生じて以来、その代替技術として高い評価を受けていたが、この構造には、もう一つ大きな可能性が期待されていた。耐久性という点で煉瓦造に次ぐ高い性能を認められていたからだ。以来、鉄筋コンクリート造は、耐火・耐震・耐久の三要素を兼ね備えた高品質な構造として市場を拡大しつつあった。その高い耐久性を論じるに際して、私が屢々用いるのが、次の一文である。

鉄筋コンクリート造の店舗は、現在の一般的な耐用年数としては、六〇年と定められているが、その母体となったのは、防水設備二〇年、床三〇年、外装五〇年、窓三〇年、本体一五〇年で、これらを総合して、それぞれごとの区分の取得価額をこれで割り、一年間でどれほど償却を必要とするか、それで全体の取得価額を割ると七五年となる。

これに最近の建物の経済的陳腐化の度合いを加えて調整し、一五年を引いて六〇年と決めている。このように、それぞれの使用部分について耐用年数を個別的に算定してそれを総合するという考え方をとっている。（米山・坂本・奥山一九八七）

これは、一九八七年度版『耐用年数通達逐条解説』からの引用で、店舗を例にした解説だが、ここから私たちは、法廷耐用年数の持つ二つの側面を知ることができる。まず第一に、鉄筋コンクリート造の建物は、極めて高耐久な架構（構造形式）と、決して高耐久とは言い難い他の建築部品の組合せで成立しているので、それを一体化して耐用年数を定めようとすると、架構に期待される耐用年数よりも遥かに短くなるという法規定の在り方である。第二に、そこから経済的陳腐化という名目でさらに一五年の短縮を認め、それを法定耐用年数と定めている事実である。六〇年という建物としての法定耐用年数は、鉄筋コンクリート造の架構に与えられた一五〇年という物理的耐用年数を前提にしてこそ成立する年数であるが、読み方によっては、六〇年程度の耐用年数で構わないとの規定とも読める。市場での競争によって、追い詰められれば、後者の見解に傾く可能性を否定することは難しいだろう。

ちなみに、鉄筋コンクリート造の店舗の耐用年数は一九五一年には七五年であったが、それが一九六六年には六〇年に、現在は三九年に短縮されている。この間、鉄筋コンクリート造自体の仕様に大きな変更がなかったとすれば、この短縮に経済的陳腐化が与えた影響は、極めて大きかったことになる。

とはいえ、減価償却という概念も鉄筋コンクリート造という構造も、共に近代日本が西欧から学んだことを考えると、鉄筋コンクリート造に高い耐久性能を期待する姿勢の背景にも西欧の影響があったと考えるべきだ。

ここでは、私が、鉄筋コンクリート造に六〇年という法定耐用年数と一五〇年という耐用年数が併存する事実に、特に一五〇年という物理的耐用年数が想定されていた事実に大きな可能性を見出している点を明らかにした上で先に進みたい。

木造住宅の近代化

では、この間、木造住宅は、どのように変化してきたのだろうか。木材の側から見ると、一九六〇年代前半までは極めて自給率が高く、六〇年代に入って急速に低下したとはいえ、六五年でも七〇パーセント程度は国内産で賄われていたとされている。それが、七〇年代半ばまでの一〇年間に三〇パーセント台まで低下する。

性能の側から概観すると、一九五四年に計画建売制度が導入され、供給側があらかじめ公庫仕様で建設し、それを公庫の融資を受ける需要者が買入することができるようになって以降、公庫仕様は急速にこの分野にも浸透し、木造住宅ではそれが共通仕様という時代に入る。これを、量的拡大は常に品質低下に繋がるとの視点から、公庫仕様の不完全さが露呈しつつあったと批判する向きもあるが、私は、それを「量を担った技術」の一般的傾向と捉え、むしろ、在来木造の架構補強の底上げが進んだと受け止めている。[2]

一方、請負形態の側から見ると、この時期に顕在化するのが、いわゆる町場の大工組織の工務店化である。町場の大工組織を、職人町に大工を中心とする職人達が居を構え、普請の規模に合わせて、力のある大工棟梁が現場を差配するという構図で説明できるとすれば、大工棟梁の役割を元請となる工務店の社長が担い、関係各職と契約を結び現場の運営に当たるという構成への転換である。こうした変化も、請負組織の近代化という視点から論じられることが多い。

しかし、在来木造住宅の最大の特徴は、そのほとんど全てがいわゆる四号建築であった点にある。そして、ここにこそ木造住宅の可能性と現実が集約されていた。四号建築を、誤解を恐れずに概説すると、概ね全ての在来木造住宅について、鉄筋コンクリート造や鉄骨造に義務づけられている近代的な構造計算を免除するという規定である。[3]

これを、在来木造では、近代構造力学よりも歴史的経験を尊重するという趣旨と理解するか、一般市民の住宅の安全性は自己責任と考えられていたと考えるかは意見の分かれるところだ。つい最近まで、あるいは現代においてなお、一〇〇〇年以上にわたる木造建築の歴史的営為から生まれた知恵と見識を私たちが十分には解明できていないのは事実だが、同時に、数百万戸以上の住宅不足に苦しむ社会では、その知恵と見識を信頼して取組む以外方法がないという現実も存在した。

視点を軸組から壁に移せば、下地の竹小舞《たけこまい》は石膏板や合板に変わり、仕上も漆喰《しっくい》からビニールクロスに、外壁は板張りからモルタルへと変貌し、開口部も木製建具からアルミ建具へと変わっ

2 「量を担った技術」とは、私の造語で、既に汎用化し、誰もがその性能限界を概ね理解している技術という意味で、優れた技術という意味ではなく、技術的限界が概ね明らかになっているという点で、信頼性の範囲が確定している技術という意味である。勿論、日々少しずつ変化し続けている技術である。

3 「四号建築」とは、建築基準法第六条第四号に該当する建築という意味で用いられる。術語で、木造の場合、二階建て以下で、床面積が五〇〇平方メートル以下で、高さが一三メートル以下、もしくは軒高九メートル以下ということになり、通常の木造住宅がこの規模を超えることはない。

ていった。特に外壁のモルタル化とアルミサッシュの導入は、住宅地の準防火地域への編入と相まって急速に進んだ。

工業化住宅から商品化住宅へ

第一節で述べたように、工業化住宅を目標に据えた背景には、建築部品を標準化し、工場で量産できれば、廉価で良質な住宅を短期間に大量に供給できるという理念が存在した。この理念を前提に、多くのプレファブメーカーが量産体制を整えたのが一九七〇年代初頭であった事実を振り返ると、その評価は複雑になる。既に述べたように、七〇年代初頭というのは、戦後建設された住宅の総戸数が日本の総世帯数に到達されたとされる時期にあたるからだ。この事実を量的充足と捉えれば、各社の取組は果敢ではあったが、本来の意味での住宅不足の解消には間に合わなかったことになるからだ。ただ、量的充足と言っても、敗戦後の比較的早い時期に建設された木造住宅は、既に営繕（一般に修繕の意味）あるいは建替の時期に至っており、こうした建替需要を念頭に、メーカー各社には依然として「廉価で良質な住宅」を供給する機会が残されていた。

工業化住宅が住宅の一分野として認知されるようになれば、当然、在来木造やマンションへの工業製品の浸透も顕在化する。工業化率も確実に向上しつつあった。一九六〇年代末から七〇年代前半というのは、工業製品の浸透が進み、一般の人々にも、それが見えるようになった時代であった。

工業化住宅という呼称は、工業化された住宅という意味の技術用語、工学的定義である。それに対して、一九八〇年代に頭角を現す「商品化住宅」という呼称は、商品化された住宅という意味で、敢えて分類すれば経済用語で、もはや工学的定義ではない。もちろん、実際には工業技術が詰め込まれているからこその商品であり、商品化住宅という呼称の成立こそ、住宅が耐久消費財として認知された瞬間であった。商品化住宅という呼称の成立経緯を、今、直ちに明らかにできないが、この変化も極めて両義的だ。商品化住宅を耐久消費財化、すなわち工業化の完成期と捉えて積極的に評価することもできるし、住宅が一部とはいえ工業製品化し、建築ではなくなったと批判することも可能だからだ。

しかし、商品化住宅という呼称の成立を、私たちが直ちに、住宅の工業製品化、即ち耐久消費財化と認識できたかといえば、必ずしもそうではなかった。これもまた今日から振り返ればという話のように思う。

とはいえ、一九八〇年代は、商品化住宅の幕開けの時代となった。プレファブ住宅は工業製品で、したがって、自動車や家電と同じ耐久消費財であると考える人々が登場したのである。

4　商品化住宅とは何か

商品としての住宅

持家志向の発端を敗戦直後の混乱に求めるにせよ、金融公庫法施行以後の住宅政策に求めるにせよ、戦後社会の主流であった事実は変わらない。持家といっても多様で、区分所有法も存在したし、鉄骨造のプレファブマンションも存在した。とはいえ、マンションといえば鉄筋コンクリート造か鉄骨鉄筋コンクリート造で、そのほうが、より本格的な建物であるとの認識が一般的であった。

一方、住宅の着工戸数の推移は一九五〇年代には年間五〇万戸に届かないが、七〇年代前半には一五〇万戸を超える。ピークは七二年の一九〇万戸で、以後この数値を超えることはなかった。近年の統計を見る限り、年平均九〇万戸程度である（国土交通省「新・不動産業ビジョン2030（仮称）参考資料集」〔二〇一九〕）。この建設量で安定するとすれば、これが、総世帯数四五〇〇万ともいわれる世帯数の住宅を維持していくための毎年の建替需要で、且つ、総世帯数が大きく変化しないと仮定すれば、概ね定常状態ということになる。では、この状態であれば、大本の懸念や早川の警鐘は杞憂となるだろうか。また、定常状態であるとすれば、二二年という木造住宅の法定耐用年数もこのままと考えてよいだろうか。

少なくとも住宅ローンの平均的な返済想定期間とされる三〇年を大きく下回っている事実については議論の余地があるはずだ。

木造の法定耐用年数を数値化するに際して、その範を日本建築史に求めれば、低耐久性を強調するなら伊勢神宮の社殿や近世江戸の長屋が便利に機能したであろうし、高耐久を強調するなら法隆寺や古民家が格好の対抗馬となったはずで、ここでも事態は両義的だったはずだ。したがって、木造住宅の耐用年数が前者の数値に近い事実を以て、直ちに、近代日本が木造住宅の脆弱性に注目して耐用年数を短く設定したとは断定できない。しかし製造業は、その誕生以来、産業革命と近代法制度を糧とする近代的価値観の下で育った業種である。プレファブ業界には、建設業界からの参入もあったが、自動車や家電等の製造業からの参入も多かった。

製造業界は、製品の販売に際して、常に、保証期間・修理可能期間、部品の生産期間、その在庫期間を具体的に設定し、それにもとづいて、保証・修理・新製品の開発・買替需要の喚起を行ってきた。自動車も家電もそうであった。少なくとも一九二〇年代末のフォードとGMの攻防後は、そのような時代になったとされている。一方、長い歴史を持つ木造住宅は、近代においてなお、初期故障以外、保証期間という概念が希薄で、かつ、事後保全を念頭に対処するのが普通で、供給側からの積極的な建替需要喚起は行われてこなかった。

図2－3　住宅の商品化を象徴する住宅展示場（2010年）　提供：朝日新聞社

商品としての住宅は、建築としての住宅の知恵と見識を参照しつつも、工場という生産設備を抱える近代製造業の製品として登場した。したがって、製造業の住宅観と建設業の住宅観が同じであるとは限らない。むしろ、商品化住宅という呼称の成立を、新しい住宅観の登場と捉えるほうが自然だろう。換言すれば、住宅の工業化によって生まれた商品化住宅と、従来の木造住宅を糧とする私たちの住宅観との間には齟齬が存在するということになる。

鉄骨造の可能性と現実

鉄の歴史も極めて古いが、建築に用いる鉄は、概ね鋼鉄で、これは近代工業製品である。もちろん、工業化住宅が常に鉄骨を糧とする訳ではないが、鉄骨造が、最も近代性を担保した構造である事実は如何《いかん》ともし難い。国税庁の見解によれば、その法定耐用年数は、鉄筋コンクリート造の住宅が四七年、鉄骨造の住宅が、骨格材の厚みが三ミリメートル以下の場合一九年、三ミリを超え四ミリ以下の場合二七年、四ミリを超える場合三四年である。鉄骨住宅の法定耐用年数は一九〜二七年、あるいは、どんなに堅牢に造っても三四年を超えることはないということになる（「耐用年数表」令和四年四月一日施行版）。

日常生活に欠くことのできない電気製品である暖冷房機、電気冷蔵庫、電気洗濯機といった家電製品の法定耐用年数は六年である。とはいえ、六年ごとにこうした機器を買い替えている人は、ほとんどいないだろう。しかし、昔の機器を一〇年、一五年と使い続けている人は、そう多くはないはずだ。乗用車の法定耐用年数は三年から五年であるが、新車の平均保有期間は概ね七年から八年で、三回目の車検が契機になることが多いといわれている。長く同じ家電を使い、同じ車を愛車として乗り続けた経験のある人でも、故障の折に部品の在庫状況や故障の繰返しの可能性を指摘され、新製品に乗り換えたはずだ。工業製品の買替周期の主導権は所有者ではなく供給側にあるようにも見える。商品化住宅の供給各社の多くは、こういう市場で鍛えられた製造業である。今、商品化住宅の建替周期を法定耐用年数の二倍程度と仮定すると、鉄骨造戸建住宅の建替周期は概ね四〇年から六〇年となる。三十代でローンを組むとすると、四〇年では少し短いが、六〇年であれば仕方がないと考える方も多いかもしれない。

供給側から見れば、工場という生産設備を抱えている以上、買替周期は短いほど収益に繋がるが、短くなりすぎれば信用を失い、長すぎれば経営が難しくなる。買替側も、飛躍的な性能向上が実現しても二重ローンは難しい。もちろん、価格が半分になれば、買替周期が半分でも需要は継続するように見えるが、そこには環境問題が立ちはだかるだろう。鉄骨造は薄肉であればあるほど、耐久性が低下し、リサイクルが必要になるが、リサイクルは電炉で行われるので、それには一定の電気エネルギーが必要だ。電炉による再生と植林による再生では、対環境評価は一八〇度異なる。もし私たちが、鉄骨造を高強度な不燃木造と考えているなら、そこには大きな落とし穴がある。

もちろん、大きな可能性も秘めていた。史上初めて鉄骨造こそが切り開いた世界が存在するからだ。それが超高層である。法定耐用年数に超高層というカテゴリーは存在しないから、その耐用年数は三四年にすぎないが、床を積み上げる能力という点で、鉄骨造を超える架構は今も存在しない。その象徴が超高層である。超高層の最大の特徴は、これも例外の存在を認めた上でなお、同じ標準階の繰返しで成立する点にある。標準階には同じ設備・間仕切・サッシュ・仕上材等が多数使われており、それが数十階にわたって積み上げられているわけだから、超高層の建築部品は、構造・非構造を問わず工場生産と強い親和性を持っている。ここに鉄骨造の可能性と現実がある。

木造住宅の商品化

藤澤好一・大野勝彦らは一九八五年の『住宅建築研究所報』に「木造軸組工法における躯体の

部品に関する研究」の梗概を掲載している。それに、在来木造の継手・仕口を指示通り自動的に加工するプレカット機械の発明が、一九七五年との記述がある。[4] 日本木材新聞には「プレカット工場数は九八年頃の約九〇〇工場をピークに減少に向かい、現在は六〇〇工場を割り込んでいるものと見られる。プレカット率については九八年頃は四五%程度だったものが、現在では九〇%を超えている」旨の記述がある（「日本木材新聞（電子版）」一八六〇号）。この記事は二〇一〇年代前半に書かれているので、この頃には九〇%を超えたことになる。林野庁のホームページによれば、その数値は、二〇一八年には九三%に達している（「令和元年度森林・林業白書」）。

一方、木造住宅の集成材率については、二〇一二年に提出された「木造住宅の木材使用量調査事業報告書」に、プレカット工場から収集した二階建在来木造住宅八六棟の資料を糧に計算した数値が示されている（日本木材総合情報センター二〇一四）。八六棟という資料数をどう捉えるかで評価は分かれるが、抽出の無作為性に一定の信頼性を見出せるとすれば、使用木材の概ね三分の一が、小断面材を接着剤で貼合せた集成材や合板といった工業製品である。

在来木造の上棟作業は、早くからプレファブ的だといわれてきた。上棟とは、架構を構成する主要木材の仕口《しぐち》や継手《つぎて》の加工を作業場であらかじめ完了し、それを現場に搬入して一気に組上げ

4　わが国の伝統的な仕口継手形状の一つである蟻形、鎌形に倣って機械切削刃が回転しながら円弧状に移動し、刃の交換によって男木、女木双方を極めて短時間に加工してしまう自動仕口加工盤、いわゆるプレカット機械が誕生したのは、昭和五〇年であった（『住宅建築研究所報一九八五』）。

る作業のことで、この作業が、工場で生産して現場で組立てるプレファブの理念に近かったからだ。その在来木造が仕口や継手加工の九割以上を工場で完了し、その使用材積の三分の一以上を工業化木材が占めるということになると、在来木造を在来と呼んで、工業化住宅と区別することが難しい段階に入りつつあることがわかる。そして、建売住宅は、既に商品化住宅の中心的な存在になりつつある。

現在も新設住宅着工戸数の六〇パーセント近くは、依然として木造である。ここには戸建住宅のみならず、長屋や共同住宅が含まれるし、構法的にはツーバイフォー他も含まれるが、在来木造だけでも、市場の五〇パーセント近くを担っているはずだ。これらの住宅は、今も、持家社会を支えているが、その多くは商品化住宅として販売されている。

一九六〇年代には、現代住宅の根幹に書院造との連続性を見出していた太田は『太田博太郎と語る　日本建築の歴史と魅力』（彰国社、一九九六）の中で、西和夫の「床の間のようなものは消えちゃうだろうとお思いになっていますか」という問いに、

そう思いますね、僕は。要するに畳敷きがなくなっちゃうと完全に洋風になると思うけれども、そうすれば床の間は自然になくなっちゃう。

と答えている（太田一九九六）。ここで重要なのは、床の間の消滅ではない。太田が、畳敷の喪失

を和風の終焉と捉え、それが近いことを予見している点にある。この本の刊行が一九九六年、住宅政策史研究の立場から、大本が懸念を表明したのが一九九一年、早川が警鐘を鳴らしたのが一九九六年である。彼らの懸念や警鐘は、それぞれ別の事柄のようにも見えるが、今日から振り返ると、近代化と工業化が此処まで進むと、和風住宅の消滅を機に、それを糧にして持ち堪えていた、たとえば、住宅の修繕や建替周期に対する常識までもが失われるという危機感であったことがわかる。

工業製品としての住宅

一方、鉄筋コンクリート造の共同住宅は、民間マンションを含めて建替周期が比較的長い。これは新耐震設計基準の施行が一九八一年で、以来、四〇年以上の期間が経過しながら耐震補強が進まないという実態が見事に証明している。鉄筋コンクリート造マンションの平均建替周期がどの程度であるかを今直ちに明らかにできないが、耐震補強を施された学校が日常の風景であること、分譲マンションに限らず、持家の実現には三〇年程度のローンを組むのが一般的で、ローンを完済する頃には定年を迎えることを考えれば、環境問題を等閑《なおざり》にするとしても、構造の如何にかかわらず、持家には、最低限六〇年以上の建替周期が期待されてしかるべきだ。私が、鉄筋コンクリート造の架構に一五〇年という物理的耐用年数を想定した経緯に可能性を見出す理由がここにある。

しかし、鉄骨造には、そのような歴史的背景が存在しない。この点は、日本より早く近代化した欧米にとっても同様で、特に鋼鉄は、まさに近代を象徴する構材として出現した。ちなみに、法定耐用年数（当初は堪久年数）という意味では、一九〇三年に鉄船が二五年と評価されたのが日本で最初ではないかと推察される。ここから、鉄骨造建築の耐用年数の決定に至る経緯は検討に値するとは思うが、それは稿をあらためるとして、ここでは法定耐用年数が機械から始まった事実に言及して先に進みたい。

実際の建替周期あるいは滅失までの期間は、滅失統計の客観化が進まない現状では、人間の平均寿命のような精緻な統計にはたどり着けないが、いくつかの推計が報告されている。比較的広く知られている研究例を挙げると、小松幸夫《こまつゆきお》らによる推定値がある（小松・加藤・吉田・野城一九九二）。各種建物の寿命の代表値を五〇パーセント残存率に至る年数とした場合、

一九八七年時点において、

木造専用建物（ママ）	三八・二一四年
木造共同住宅	三二・〇六四年
鉄筋コンクリート造専用住宅	四〇・六〇〇年
鉄筋コンクリート造共同住宅	三八・九一六年

鉄骨造専用住宅　三二・七七八年
鉄骨造共同住宅　二八・八九〇年

と推定されるという研究である。この推定値は、何回か更新され、二〇一一年には、

木造専用住宅　六五・〇三年
木造共同住宅　五〇・二八年
RC系住宅　六八・〇七年
RC系アパート　五六・五四年
鉄骨造住宅　五九・二九年
鉄骨造アパート　五五・〇七年

という推定値に中間報告ながら更新されている（小松二〇一六）。

一方、国土交通省の推計としてしばしば目にする「日本の住宅の利用期間は平均三〇年」という数値は、「取り壊される住宅の平均築後経過年数」を糧とした推計で、滅失統計の補足率を考えると、どちらも心許ない。恐らくは、両者の間のどこかに現実的な数値が存在するのだろうと考えるが、中々実態はつかめない。

とはいえ、工業製品として住宅を供給する製造業が、耐用年数を町場の大工のように捉えているとは考え難いし、工務店が、これだけ工業製品を組み込まれた建売住宅を今後も修繕を念頭においた営繕で維持できると捉えているとも思えない。現に、商品化住宅のテレビCMは毎日流れている。商品としての住宅は既に確固たる定義として成立しているようにも見える。

5　私達の選択

自由な時代

ここで一旦、話をシンポジウムで注目した一九六〇年代に戻したい。一九六〇年代を中心とする高度成長期が造り上げた東京は実に壮麗な都市であったというのが、八〇年代後半以降の私の印象だ。これを建築の観点で言いかえれば、用途・容積・防火については、既に規制が存在するが、土地所有と建築表現は自由な気風の残る都市ということになる。身も蓋もない説明ではあるが、そのような環境が生み出した都市の表情を壮麗と呼んで、その自由な気風を積極的に評価したい。そう考えるようになった。この印象は、特に戦後において顕著ではあるが、一九六〇年代に特化したものでもない。二〇二〇年代の東京にも同様の印象を持っている。戦後の東京は、実に壮麗な都市である。

私が壮麗という言葉を知ったのは、あの湧き出るような彫刻群に覆われた陽明門に象徴される東照宮を、南摩《なんま》綱紀《つなのり》が、

日光山ニ東照宮ノ社アリ。其壮麗日本第一ト称ス

と表現しているのを見出した時のことである。これは、一八八〇年の「小学地誌」の記述で、南摩綱紀は、旧会津藩士であった。「世界地誌」を福沢諭吉等が担ったのに対して、日本地誌の執筆者は佐幕派が多かった。したがって、その評価は、概ね同じで、近代日本の小学生は、東照宮をそのような建築として学ぶことになった。

あの湧き出るような彫刻群に覆われた東照宮の姿は、どこか東京に似ている。それが東京に壮麗という言葉を用いるようになった契機である。私の研究も次第に、何故、封建社会の確立期とも言われる寛永期にこのような自由闊達な表現が生まれたのかという方向に傾倒していった。その理由に日本建築史研究が肉薄したのは大正期のことなので、今日から振り返ると、壮麗という形容と東照宮の姿との間には少し齟齬があるとの見解もあろうが、その印象を壮麗と称する慣習はその後も続くので、私は、壮麗の根拠を、寛永造替《かんえいぞうたい》とその後現在に至るまでの修繕の集積に対する形容と捉え、南摩の形容のままでよいと考えている。

ところで、壮麗な都市東京は、インテリには愛されなかった。東照宮の近代も同様であった。むしろ、その超克を訴えることが多かった。しかし、その志は、あまり成功しなかったように思う。概ね敗北に終わったと言ったほうが事実に近いだろう。ならば、都市を美醜で評価することを自体をやめてはどうかというのが、壮麗化を評価する側の見解である。東京の表情は、一軒の住宅や一棟の建築のデザインに没頭する私達の努力の集積によって出来上がったもので、そこにこそ価値がある。あるいは、競争は始まっているが、淘汰は未だ健在化していない、そのように考えて積極的に評価してみてはどうかという提案である。

その後、期せずして大きな味方が現れた。システム構築やソフトウェア開発では、小単位による試作とテストの繰り返しによって、短期に開発を成功させる手法としてアジャイル（Agile）型開発と呼ばれる手法が存在するという指摘である。確かに、完膚《かんぷ》なきまでに破壊された都市を短期間に復興しようと躍起になっていた東京の姿は、アジャイル型開発を彷彿とさせる。私からすれば、「壮麗」に対応する英語が存在するという指摘である。ならば、壮麗は国際様式たり得るということになる。ちなみに、大正期の研究が明らかにしたのは、東照宮寛永造替工期が、実質一年足らずであったという事実であった。

一九六〇年代というのは、戦後の東京が、はじめて壮麗化した時代であった。工業化に向けた技術開発が自由闊達で多種多様であった理由も、今は、こうした気風から説明できるように思っている。

商品化住宅の現実

それから三〇年後、一九九〇年代の大本の懸念や早川の警鐘の背景には、持家社会の是非とは別に、住宅が耐久消費財でよいのかという漠然とした、しかし、極めて本質的な疑義が存在したが、私たちは、彼らの懸念を易々と乗り越えつつあるかに見える。持家政策が、都市生活者の自助努力に始まり、金融公庫を糧に成長してきたとすれば、住宅の商品化はアメリカの影響のようにも見えるが、アメリカでは住宅の耐用年数は新築中古の区別なく取得から二五〜二七年程度と記した資料が多い。その通り読めば、その竣工時期に関係なく、取得するたびに二五年程度の耐用年数が生じるということになる。この考えにもとづけば、住宅に物理的耐用年数は存在しないことになる。

菊谷《きくや》正人《まさと》らの「英国税法における減価償却制度の特徴――減価償却制度の日英比較」（『経営志林』第四八巻三号）にも次のような一文がある。

> 英国では建物全般がレンガ・石造りであり、建物は半永久的に使用可能であるという概念が根強く残っている。建物は「減価」（depreciation）ではなく「増価」（appreciation）を伴い、骨董価値化するものであるとみなされている。そのため、産業活性化・労働者雇用創出等の政策的観点から特定の建物に限り、減価償却が認められることになっている。（菊谷・酒井二

興味深い事実である。管見ではあるが、ヨーロッパはイギリスに限らず、こうした考え方が強い。耐用年数の存在しない土地と建築を一体的な存在として捉える社会では、例外の存在を認めた上でなお、住宅を耐久消費財と捉える視点は希薄だ。

明治期に近代機械の減価償却制度をイギリスから移入した日本は、その範囲を大正期に拡大し、住宅をも耐久消費財にした。その背景には、私達の社会が、建築といえば木造で、その使用期間が実に多様で、特に都市住宅の建替周期は比較的短く、かつ、その建築的価値を耐久性の側から論じてこなかった歴史的経緯が存在したように思う。我国独特の成果とも見える住宅の商品化は、こうした構図の中で、その工業化を進めたことで起こっている。これを練り上げられた一連の政策の成果と見るか、できあがった結果と捉えるかは意見の分かれるところだが、私が見る限り、前者ではない。しかし、それが結果的にではあるにせよ、戦後世代である私達の選択であった事実は認めざるを得ない。

買替か営繕か

今日から振り返ると、近代的な機械にこそ相応しい制度を、それ以前から存在する有形資産に導入する以上、導入すべきか否かを含めて、欧米同様、より丁寧な議論が必要であったと思うが、私たちにそれはできなかった。そこに大本や早川の懸念と、私たちが今日抱える葛藤の源がある。同時に、工業化住宅には、確かに工業製品的な側面が存在するが、それを商品化住宅と命名したのは、果敢な決断であったにせよ、私たちの住宅観にそぐわない流れであった。住宅は、今日においてなお、建替を念頭に購入する商品というよりは営繕を糧に維持していくべきもので、買替を前提とする耐久消費財というよりはリノベーションを前提とする建築であるとの認識が根強く存在するからだ。いやむしろ、後者は近代化の過程で獲得した見識であると言うべきだろう。

事実、鉄骨造でも長く使われているマンションが存在するし、鉄筋コンクリート造であったにもかかわらず既に建替られた共同住宅も少なくない。建替周期が構材の耐久性と必ずしも相関していない事実は、その証左と考えるべきだ。戸建住宅も同様である。私達は、今も、住宅を建築だと考えている。むしろ、商品であり建築であるという両義的な定義に耐えている。

呼称としては商品だが、家電や自動車とは異なり、工業製品化が進んだとはいえ、未だ建築だと所有者の多くが考えるのであれば、それが生活の根幹を担う住宅である以上、いくら買替を促すＣＭが流れようとも、供給した企業の存亡にかかわらず、建替か営繕かの選択は可能であって然るべきだ。もちろん、相手が工業製品である以上、在来木造とも鉄筋コンクリート造とも異な

５　一般に「既存不適格」とは、竣工時には適格であったがその後の法改正によって不適格となった建物に対する名称で、正式には「既存不適格建築物」と呼ばれる。この場合は、建築の構造に関する法改正によって、不適格となった建築物の総称ということになる。（次頁注）

る対応が要請され、新たな葛藤も生まれるに違いない。供給側には、相応の対応が要請される。
大本は、『証言　日本の住宅政策』の最後を、

> 近代建築は、機能主義から出発している。それにより封建的な住様式、建築様式に対し、近代合理主義にもとづく機能の優先した近代の住まい様式が形成されたが、それは個人の確立にとっての歴史的進歩性を担っていたものの、個人の連帯性、社会性の発揮にとっては限界を明らかにしつつある。（大本一九九一）

との一文で締めくくっている。

私は、「個人の連帯性、社会性の発揮」の必要性を認めた上で、むしろ、その兆しを鉄筋コンクリート造分譲マンションの構造補強に見出している。構造上既存不適格[(前頁)5]という、今では誰もが知る不条理に直面した人々が、自ら連帯し乗り越えた証である事実に疑いの余地はないからだ。

その上で、これから商品化住宅は営繕の時代に入ると申し上げたい。それが買替や建替を念頭に生産された工業製品でも、建築としての片鱗を残す住宅である以上、建替以外の選択肢が用意されて然るべきだと考えるからだ。もちろん、その作法も実に壮麗化することを期待したい。

第三章

革新・市民・広場
――人間性の回復を目指した革新都市づくりのレガシー

中島直人

1　都市型社会への移行と革新都市づくり

農村型社会から都市型社会への移行

一九六〇年代後半から七〇年代にかけての戦後空間について考えたい。日本の近現代建築史で言えば、一九六〇年代はまずもって都市の時代であろう。六〇年の世界デザイン会議でのメタボリズムグループによる新しい都市像の発信、六一年正月にテレビ番組を通じて社会に届けられた東京大学丹下健三研究室による「東京計画一九六〇」を皮切りに、ビジュアルな未来の都市像と刺激的な都市論が建築界のみならず、社会的な関心を集めた。それに対して六八年の大阪万博以降、七〇年代は都市からの撤退、個の建築、住宅の時代とされる。本稿で扱いたいのは、そうした建築から都市へ、そして建築へといった振れ幅の大きい建築家たちの振る舞いではない。むしろ、そうした振る舞いの背景で徐々に進行していた、日本の社会と都市をめぐる構造の変化に着目したい。その構造の変化は、政治の場において都市の重要性を浮上させ、都市政策、都市計画のありようを問い直させることになった。

本章が描く空間を先取りして述べるとすれば、農村型社会から都市型社会への移行という時代

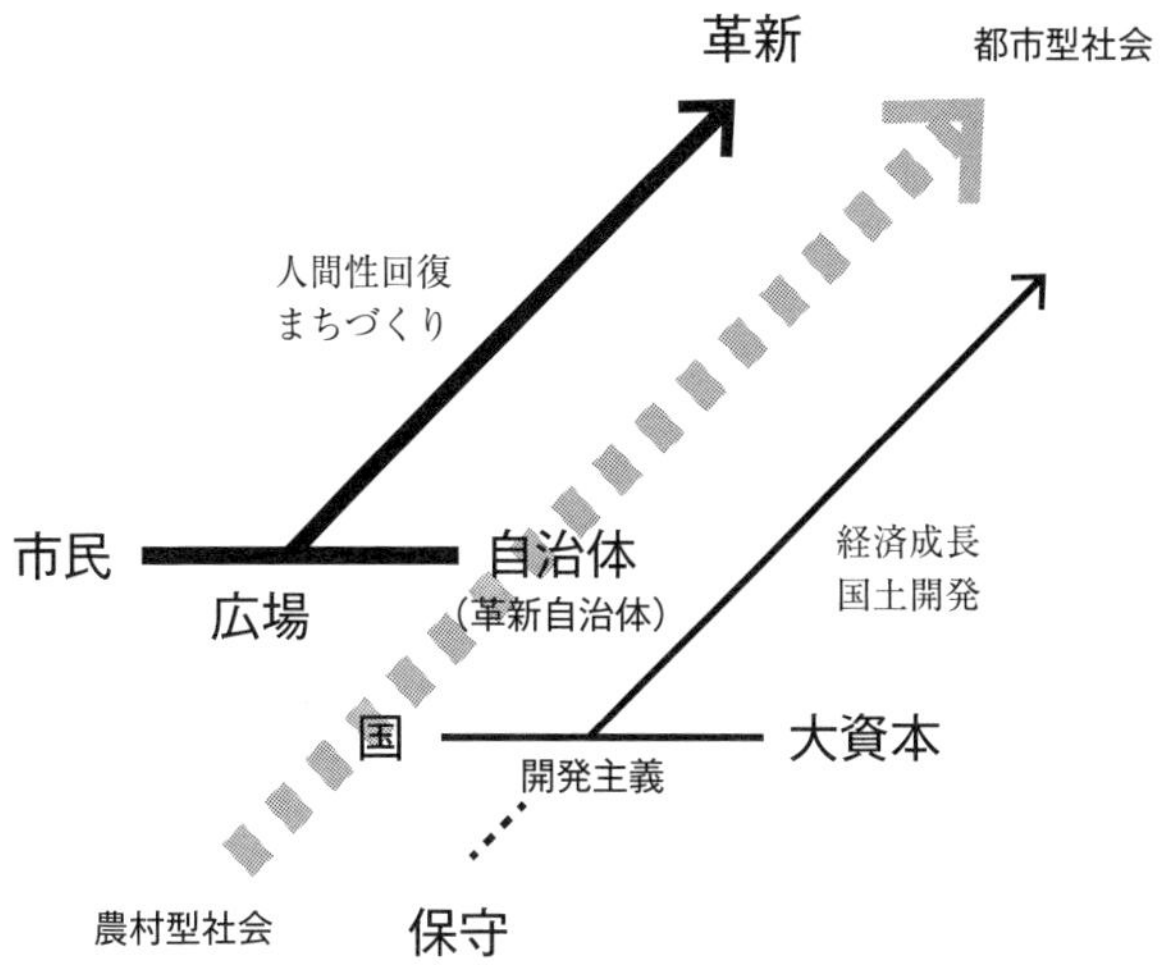

図３−１　本章で描く戦後空間の構図

において、大資本との結びつきを前提とした国家による国土開発促進という従来からの延長にある開発主義路線に対して、自治体と市民とが広場を介して結びつき、都市部における人間性を回復していく道筋を目指した「革新都市づくり」というオルタナティブの存在が生み出した戦後空間である。革新都市づくりというオルタナティブの理想と現実、実と虚を見つめることが本章の目的となる。

都市計画史家の石田頼房は、「日本都市計画は一九六八年から一九七〇年頃に一つの大きな画期をむかえ、それまでの近代都市計画とは区分し、現代都市計画と呼ぶことが出来ます」と指摘している（石田二〇〇四）。本章が対象とする一九六〇年代後半から七〇年代は、近代都市計画から現代都市計画への移行期ということになるが、この時期の都市計画の変化をもたらした動力は何か、まずはこの点について整理してみよう。

五年に一度の国勢調査において、人口集中地区（ＤＩＤ）という集計カテゴリーが採用されたのは一九六〇年である。戦後復興期に進められた市町村合併により、それまで都市的地域として考えられていた市部が拡張され、農漁村も含むようになった結果、都市的性質を表す新たなカテゴリーが必要とされたのである。ＤＩＤの定義は「国勢調査基本単位区及び基本単位区内に複数の調査区がある場合は調査区を基礎単位として、①原則として人口密度が一平方キロメートル当たり四〇〇〇人以上の基本単位区等が市区町村の境域内で互いに隣接して、②それらの隣接した地域の人口が国勢調査時に五〇〇〇人以上を有する」地域である。

一九六〇年の時点では、ＤＩＤ人口は全国で四〇〇〇万人程度、非ＤＩＤ人口が五〇〇〇万人程度であった。戦前最後の四〇年の国勢調査では、市部人口二七五〇万人、郡部人口四五〇四万人であったことを踏まえると、戦後復興期以降の都市部への人口流入によって、都市的地域での人口が一気に増加していったことが確認できる。しかし、それでもなお、全国的に見れば、都市部人口よりも農村部の人口が多かったのである。両者の人口は七〇年には逆転する。以降、ＤＩＤ人口は二〇〇〇年代に至るまで右肩上がりを続ける一方、非ＤＩＤ人口は徐々に減少していった。

このような人口動態が示すのは、日本において、一九六〇年代までは農村型社会が大勢を占めていたのに対して、七〇年以降は都市型社会が主となったということである。つまり、六〇年代後半から七〇年代にかけては、後進・中進国型の農村型社会から先進国型の都市型社会への移行期であった。就業者数でいえば、六〇年には第三次産業が第一次産業を初めて上回り、六五年には第二次産業も第一次産業を上回った。七五年には第三次産業が五〇パーセントを初めて超えた。六〇年代後半から七〇年代にかけての都市型社会の到来は、戦後が求め続けた豊かさを多くの人々が享受できるようになっていく過程でもあった。

『都市政策大綱』(一九六八年)が描いた開発志向の国土像

> 先頃の参議員選に当って五つの政党がきそって都市政策を発表した。選挙目当だとしてもわるくはない。まず五月二六日の自民党の〝都市政策大綱〟にはじまり、各政党はいづれも、それぞれの特色を出そうと努めているが、都市政策に関する限り、外交や防衛とちがって、イデオロギーを超えて妥協の可能性があるように思う。(『建築と社会』一九六八年九月号)

一九五五年の結党以来、主に農村部の地主たちを支持基盤として政権を担ってきた自民党は、こうした農村型社会から都市型社会への転換に対する応答を求められた。いち早く応答したのが当時、佐藤栄作《さとうえいさく》内閣で大蔵大臣、そして幹事長を歴任していた田中角栄《たなかかくえい》だった。一九六七年三月、田中は自民党都市政策調査会を発足させ、下河辺淳《しもこうべあつし》をはじめとする官僚も取り込みながら集中的な検討を行い、六八年五月には『都市政策大綱(中間報告)』(以下、「都市政策大綱」と表記する)

を公表した。その前文には「わが国における都市問題は、いまや政治の焦点であり、国民全体の課題である。都市化は単に都市集中の現象的な問題ではない。日本全体の社会構造の変化の問題である」と問題意識が綴られている。

「都市政策大綱」の内容は、今後の都市政策のとるべき方向性を「国民のための都市政策」、「高能率で均衡のとれた国土の建設」、「先行的政策への転換」、「民間エネルギーの参加」、「公益優先の理念」、「新国土計画の樹立」、「土地利用計画の確立」、「基幹交通・通信体系の建設」、「水資源の開発と利用」、「広域行政の推進」、「国土開発法体系の整備」、「開発体制の一元化」の十二項目に整理したのち、土地政策、大都市対策と地方開発、そしてそれらのための財政・金融政策について記述したものであった。全体の基調は、前文に記された「都市政策は、二〇年、三〇年先を展望する視点に立って、都市化の巨大なエネルギーを活用して、国土全体の可能性を最大限に追求し、都市の秩序ある発展と、都市と農村の共栄をはかるものである。この都市政策は日本列島全体を改造して、高能率で均衡のとれた、ひとつの広域都市圏に発展させることをめざすものである」という文章に端的に見て取れる。開発によって国土というスケールにおいて都市化を目指すというものであった。つまり、「都市政策大綱」という名を持ちながらも、その実は国土全体の開発構想であった。

この「都市政策大綱」の発想のうち、幹線交通網整備に象徴される都市―地方間の機能純化・系列化指向は、翌一九六九年に制定された大規模プロジェクトを基調とする新全国総合開発計画に引き継がれた。また、「都市政策大綱」のための検討は、力点を大都市圏ではなく地方開発に明確に移すかたちで田中角栄の自民党総裁選時のマニフェスト『日本列島改造論』（一九七二）の骨格として活かされた。

経済学者の宮本憲一《みやもとけんいち》は、この「都市政策大綱」に、民間資本を主体とした都市開発、民営化や規制緩和に見られる大都市行政での民間移行、その一方で、広域行政・国の権限の強化、農業から土建業への転換といった特徴を見出していた（宮本一九七五）。これらの点は、一九八〇年代以降の地方部の農村型社会の変質とともに、大都市圏での新自由主義的な都市政策の展開との連続性を想起させる。そうした意味で、高度経済成長を基盤とした戦後空間を特徴づける開発志向によって国土―都市のスケールを明確に覆ったのが「都市政策大綱」であり、その後に続く「新全国総合開発計画」であったと言ってよい。つまり、一九六〇年代後半において、七〇年代以降を見据えたこの都市政策の指向性は、高度経済成長期から新自由主義的政策期への橋渡しとして理解できる。しかし、この時点で、「都市政策大綱」だけが、都市型社会における都市政策を展望していたのではない。

オルタナティブとしての「革新都市づくり綱領」（一九七〇年）

田中角栄が自民党都市政策調査会を発足させた直後の一九六七年四月の東京都知事選では、社会党・共産党が推薦するマルクス経済学者の美濃部亮吉《みのべりょうきち》が当選した。すでにそれ以前から都議会では社会党が第一党となっていた。また、大都市圏の自治体を中心に社会党や共産党が支持する首長も一定数登場していた。大都市圏での大気汚染を中心とする公害問題、生活環境整備の遅れを背景にして、「自民党の支援を受けず、日本社会党と日本共産党という革新政党のいずれか一方、または両方の支援を受けた首長を擁する地方自治体」（岡田二〇一六）と定義される革新自治体の存在感が増しはじめていた。従来の農村型社会とは異なる、都市型社会における都市政策を先行して追求しはじめていたのがこうした革新自治体であった。田中は都知事選の結果を国政レベルで受け止めて、これを機会に都市政策を内政の最重点施策の一つとして全党的なかたちで取り組むことを宣言した。つまり自民党の「都市政策大綱」は、革新自治体の存在を強く意識して策定されたものであった。

後述するように、全国に散らばる革新自治体の首長たちが飛鳥田《あすかだ》一雄《いちお》・横浜市長を中心に全国革新市長会として組織化され、一定の発言力を持つようになるのは一九七〇年頃からである。六七年に「都市政策大綱」が発表された時点では、革新自治体版の都市政策大綱と呼べるものはなかった。全国革新市長会が都市政策の方向性を体系的に提示したのは、七〇年一〇月に全国四五の革新自治体の首長が参加した総会にて採択された「革新都市づくり綱領」が最初であった。「都市人口はいまや全国民の七〇％に達しようとしている」「都市問題の解決は、まず何ものにも優先して市民の生命を守り、都市生活にとって不可欠の生活環境施設を充足することから出発しなければならない。どんな未来都市への壮大なビジョンも、マスタープランも、そのことの実践なくしては無意味である」とはじまる「革新都市づくり綱領」は、政府の政策を、経済成長のみを重視し、社会的生活基盤の整備を無視してきたと鋭く批判し、市民生活にとって最低限満たすべき目標である生活水準「シビルミニマム」の策定を都市政策の中核に置くことを宣言した。そして、その策定を直接民主主義の具体化の機会とし、都市自治の創造を導いていくというヴィジョンが綴られた。「都市自治を実態的・制度的に確立することは、都市における人間性回復の基本的出発点である」というのが要領の根底にある考え方であった。つまり、「都市政策大綱」の国土開発に対して、人間性回復を根底に置いた。政府主導での開発志向の国土的展開とは大きく異なる内容を持っていたのである（全国革新市長会・地方自治センター一九九〇）。

「革新都市づくり綱領」が掲げたのは、「主体的住民自治の原則」、「近代的市民生活優先の原則」、「民主的平等の原則」、「公共的計画の原則」、「科学的都市政策の原則」の五原則と、原則の方向性を示した一四テーマ一一五項目に及ぶ政策方針であった。政策方針には、住民参加、多種多様なグループ（コミュニティ）の育成、市政に関する情報公開から樹木伐採の禁止、大通りや広場が自由に使える権利の復活、福祉施設の系統的建設、乳幼児・児童・妊婦の無料健康診断、歩行者専用道路の建設、環境基準・排出基準の設定、地域防災計画の樹立、住宅計画の都市計画での位置づけ、自動車乗り入れ規制や通過交通排除、自治体の都市計画の権限と責任、文化遺産やすぐれた景観の保存、土地利用計画のもとでの開発許可権、自治体内の民主化、都市自治体の財源強化など、具体的で多様な項目が列挙されていた。「革新都市づくり綱領」は、明らかに開発志向の世界観ではない、まったく別のオルタナティブを示していた。

都市をめぐる戦後空間の分岐点

一九六八年の自民党による「都市政策大綱」と七〇年の全国革新市長会による「革新都市づくり綱領」が描き出すのは、農村型社会から都市型社会への移行段階での都市づくりの方向性の複数性である。戦後復興期以来、政策の中心にあった経済成長、そのための手段としての開発を大都市圏から全国土へと展開することで都市型社会に応答するのか、あるいは都市における人間性の回復という根本に立って都市型社会のありようを展望していくのか。都市をめぐる思想と実践が、一つの方向を向くのではなく、二つに分裂していた。都市をめぐる戦後空間は、ここで初めて明確な分岐点に立たされていたのである。

本稿では、この分岐点を左に曲がってみたい。つまり、革新自治体の革新都市づくりに焦点を当てて、一九六〇年代後半から七〇年代にかけての戦後空間を理解していきたい。というのも、先に言及したように、「都市政策大綱」は、その後の国政における五五年体制の継続もあって、八〇年代以降の新自由主義的政策期への橋渡しとして理解できる。一方で、革新自治体という潮流は、八〇年代以降は明らかに衰退してしまい、その後、どこにたどり着いたのか、自明ではないからである。ただし、概観しただけでも、「革新都市づくり綱領」で示された内容は、現代において探求が進められている都市づくりの方向性に少なからず影響を与えているように見受けられる。戦後空間を現在との関係の中で理解するという立場から問うべきは、革新自治体が実際に行った都市政策はどのようなものであったのか、そのレガシーとは一体何か、である。

なお、都市政策、あるいは都市づくりといっても、その範囲は「革新都市づくり綱領」で見たように広範にわたる。前提知識として、本稿の関心の中心にある都市計画に絞って、この時代の外形的な変化を確認しておこう。

地方から大都市圏への人口移動と大都市圏縁辺部の都市化に対処すべく、一九六八年に都市計画法が全面改正され（都市計画新法）、市街化区域と市街化調整区域に分ける区域区分（線引き）制度の導入や地域地区の細分化が行われた。また、大都市圏への人口集中、急激な経済成長は、都心部でのオフィス需要の増大をもたらした。高層建築技術の発展も相まって、戦前以来の建築物の高さ制限（商業地域で三一メートル以下）を保持していた建築基準法もこの時期に改正された。高さ制限は、一九六〇年の特定街区制度の創設、六三年の容積地区制度の導入、さらには七一年以降のその全面適用と段階的に解除され、都市の建築形態は自由度を増し、街並みは変貌を遂げていった。また、六八年の都市計画新法は、それまでの国家の事務としての都市計画を改め、その決定権限を機関委任事務として地方自治体に移譲し、また都市計画決定過程での都市計画案の縦覧という手続きも導入された。それらは住民参加としてはまったく不十分なものであったが、一定の前進ではあった。こうした都市計画の変化をもたらしたのは、革新都市づくりの理論や実践なのであろうか。あるいは、革新都市づくりがもたらした都市計画の変革は、ここで示したような外形的、制度的なものに留まるのだろうか。

革新自治体をめぐる都市計画学と政治学

先に言説を引用した石田頼房《いしだよりふさ》は住民運動の高揚と革新自治体の誕生、そして成果について、「住民主体のまちづくりが展開される上で、一九六〇年代後半から次つぎと成立していた革新自治体の存在が大きな意味を持っていたことは否定できません。しかしそれは、公害問題などのいくつかの点を除けば、政府の進めていたものと明確に違った「革新的」都市政策あるいは「革新的」都市計画プロジェクトを持つことによってではなく、都市計画を考え、進めてゆく場合の「民主的」視点、あるいは「民主的」手続が意味を持っていた」と指摘している（石田二〇〇四）。後述するように、当時、石田自身は革新自治体の都市政策の立案に関りながら、革新自治体の都市計画に関する同時代的な評論を残している。また、まちづくりの歴史的展開を整理した都市計画家の佐藤滋は、まちづくり誕生につながる六つの動きの一つに革新自治体をとりあげ、「一九七〇年代前後に革新自治体が各地に生まれ、その革新首長たちが政策として取り上げたのが、「参加と分権」、とりわけ市民の直接参加による行政の展開であった」と述べている（日本建築学会編二〇〇四）。

日本のコミュニティ政策の歴史的展開を追った広原盛明《ひろはらもりあき》は、革新自治体、特に東京都と横浜市、武蔵野市の政策に焦点を当て、「実質的な意味でコミュニティ政策を提起したのは美濃部革新都政（一九六七～七九）の打ち出した「シビルミニマム計画」（一九六八）であり、政府のコミュニティ政策はそれに対抗する「後追い政策」にすぎなかった」との評価を行った（広原二〇一一）。つまり、都市計画学、あるいはまちづくり学においては、都市計画の民主化、そして、まちづくりの誕生、コミュニティ政策の萌芽という文脈において、革新自治体が歴史的に評価されてきた。

一方で、革新自治体は、政治学や行政学の関心の範疇であった。革新自治体の指導者としての役割を担った松下圭一《まつしたけいいち》は、一九六〇年代から七〇年代にかけての日本政治の転換を、オールド・ライトからニュー・ライトへと表現した。つまり、保守政治について言えば、日本国憲法の改正と戦前の農村型社会への回帰を求めた岸内閣が六〇年の安保闘争で倒れたことで、後継の池田内閣は所得倍増計画を打ち出し、憲法改正ではなく経済成長に集中することになった。革新陣営も、都市型社会への移行の中で従来の階級闘争路線＝オールド・レフトが有効性を失い、ニュー・レフトへの転換が求められていた。そのニュー・レフトへの転換は、国政政党ではなしえず、むしろその役割を期待されたのが革新自治体であったとしている。

一九八〇年代以降、保守・中道合同路線に共産党を除く革新勢力が相乗りするようになり、革新自治体の時代は終焉を迎えた。その後は、福祉路線を目指した革新自治体は巨額の財政赤字をもたらしたという負の側面で語られることも多くなり、その歴史的な役割が総括されるようになるのは、二〇〇〇年代中盤以降である。

土山希美枝《つちやまきみえ》は、自民党が一九六八年に発表した「都市政策大綱」のインパクトを分析しつつ、革新自治体について「革新自治体と革新政党をとらえるとき、両者に冠された「革新」がもった意味には、実は、大きなちがいがあった。革新首長と革新自治体は、高度経済成長期がもたらした社会変動による「生活の必要としての政治」領域を、都市政策によってきりひらいていったことで、こんにちにつながる日本の自治の革新をもたらした」と歴史的な評価を行った（土山二〇一一）。

また、岡田一郎は、革新自治体の誕生から終焉までの政治史的分析と、その現代的意義を簡潔にまとめ上げている（岡田二〇一六）。岡田の書籍の内容については、本稿の後半で扱う。岡田の著書以降も、革新自治体への言及を行う学術書の刊行は続いている。たとえば及川智洋《おいかわともひろ》は、「「革新」という言葉が本来持つ改革者としての側面を、首長たちが地方政治の場で表現するための器であった」とし、「日本の福祉国家化を促す政治的潮流を形成する役割を担った」と評価している（及川二〇二一）。

2　革新都市づくりの実際——横浜市と東京都

以上のような都市計画学、政治学からの革新自治体の既往の評価を重ねあわせながら、革新自治体のレガシーに迫っていくために、二〇一九年六月二九日に戦後空間シンポジウム03「市民・まちづくり・広場」を開催した。基調講演は岡田《おかだ》一郎《いちろう》氏（日本大学、政治学）と鈴木《すずき》伸治《のぶはる》氏（横浜市立大学、都市計画学）に依頼した。

岡田氏は先に紹介したとおり、政治学の分野から革新自治体の歴史と現代的意義を総括した書籍の著者である。岡田氏には、革新自治体の誕生から終焉までを政治史の文脈で講じてもらった。一方、都市計画学の分野において、革新自治体の全体像を描くような書籍は未だ刊行されていない。鈴木氏は革新自治体をリードした飛鳥田一雄市長のもとでの横浜市の都市政策とその後の展開について、史料調査とともに、数多くの当事者へのインタビューを実施してきた、横浜都市デザイン史研究の第一人者である。鈴木氏には横浜の飛鳥田市政とその後の展開を中心に語ってもらった。両氏の基調講演に対して、飛鳥田革新市政で実際に仕事をし、後に革新自治体の限界についても強く意識して独自のキャリアを歩んでいった岩崎《いわさき》駿介《しゅんすけ》氏（元横浜市役所、元国際ＮＧＯ代表）、まちづくりの実践とともにその歴史的な展開について深く考察してきた佐藤《さとう》滋《しげる》氏（早稲田大学、都市計画学）、そして、革新自治体の時代の政策において、抽象的にも、具象的にも象徴となった広場について考察を行っている社会学者の近森《ちかもり》高明《たかあき》氏（慶應義塾大学、社会学）にコメントをもらい、議論を展開した。

シンポジウムのタイトルに掲げた「市民」「まちづくり」「広場」のうち、先に示した「革新都市づくり綱領」には、「市民」「広場」が登場する。一方で「まちづくり」という言葉は綱領には登場しないが、第一に掲げられた「主体的住民自治の原則」と深く関係し、都市計画に対する対抗概念としてこの時期に広く使われ始める言葉である。本章の章題においては、従来路線に対するオルタナティブという革新都市づくりの位置づけを強調するために、「まちづくり」に代えて「革新」という言葉を前面に出すことにしたが、「まちづくり」と革新都市づくりとの強い歴史的結びつきは強調すべきことである。

本章では、以上のような意図で実施されたシンポジウムでの講演や議論を土台にしつつ、東京都の政策のレビューも追加して、引き続き革新都市づくりについて理解を深めていく。そして都市計画を視野の中心に置き、プランナー論、広場論を軸に、革新都市づくりのレガシーとは何であるのかを論じていくことにしたい。

革新自治体の政治史的解釈

岡田氏の基調講演は著書『革新自治体』の内容をなぞるものであった。まず革新自治体の起点が確認された。先に引用した革新自治体の定義にもとづけば、地方首長の公選制導入（一九四七）以降一九五〇年代にかけてすでに出現していた社会党や共産党の支援を受けた首長を持つ自治体は革新自治体と呼ぶことができる。実際、特に五五年体制が確立する以前は、社会党と保守系野党が共闘する野党連合はよく見られた。また自民党が成立したあとも、一時、自民党と対立した農協が独自候補を立て、これを社会党が支援するかたちで首長を獲るというケースもあった。特に成長に取り残されていた東北地方等ではそうした首長の選出がよく見られたという。しかし、これらの五〇年代までの革新首長を据えた自治体と、六〇年代以降の革新自治体には大きな相違点、特に背景に違いがある。

岡田氏は、一九六〇年代以降の革新自治体勃興の背景として、①都市部における自民党の衰退と多党化、②集団就職に象徴される若い労働力の都市部への流入を指摘した。自民党が都市部において票を獲得するのが難しくなったということだが、それは高度経済成長期に都市部に増加した若い世代が求めるもの＝学校や病院といった生活に直結する社会資本を自民党が提供できなかったということの裏返しであった。そして、ここにさらに直接、都市の生活を脅かす公害の発生が、保守系から革新系首長への票の流れを後押ししたのである。革新自治体の具体的な起点は、横浜市で飛鳥田一雄市長が誕生した六三年の統一地方選挙、六七年の美濃部亮吉知事が誕生した東京都知事選、あるいは七〇年代初頭など幾つかの説があるが、いずれの説においても背景に相違はない。

革新自治体の都市政策を理論的に支えたのは、法学者の松下圭一である。松下は、保守側が農村社会型から工業社会型の構造政策（ニュー・ライト）に移行しているのに対して、革新側はニュー・レフトを位置づけできていないと国レベルでの課題を感じていた一方で、ニュー・レフトとも呼べる政策は、革新自治体において実現しはじめていると見ていた。松下は美濃部都政において、後述する「東京都中期計画」や「広場と青空の東京構想」に関与し、先に言及した「シビルミニマム」という考え方を打ち出した。社会保障、社会資本、社会保健の三つを充実させることで国民の生活権を保障し、憲法二十五条により定められている生存権を実現するというものであった。

こうして一九六〇年代後半から七〇年代を通じて躍動した革新自治体の意義について、岡田氏は①自治体行政の計画化・科学化、②住民参加型の政策形成、③公的福祉・医療・教育の充実、④公害や乱開発に対する規制強化、⑤反戦平和政策の推進、国交のない国々との交流、反差別政策への支援、憲法擁護事業の活発化の五点に整理した。一方、革新自治体の問題点としては、よく言われている福祉政策による財政圧迫は否定し、むしろ首長のリーダーシップが住民参加型の直接民主制と反した方向へ向かったこと、つまり、「直接民主制を目指しながらも、結局は「革新系市長頼り」という姿勢を結果として作り出してしまった」ことであると指摘した（岡田二〇一六）。確かに、革新自治体＝首長という構図は、当時も、そしてそれを歴史として振り返る私たち自身の中にも強固なものとしてある。そのこと自体の問題性が指摘されたのである。なお、政治学的に見た革新自治体の終焉は、中道政党が革新側から保守側へと接近し、特に共産党と距離をとるようになり、社会党も共産党との連携を離れ、自公民候補への相乗りを選択するようになったということで説明される。

先導役としての飛鳥田横浜市政の都市づくり

では、革新自治体の具体的な都市政策、都市計画はどのようなものであったのだろうか。鈴木氏の講演を参照しながら、革新自治体としての横浜市の都市政策、都市計画をスケッチしてみよう。

飛鳥田が横浜市長に当選した一九六〇年代初頭の都市計画は、戦前の都市計画法を引き継いでいた。一九一九年に始まった日本の都市計画は、国家による都市計画といえるもので、極めて中央集権的構造の強いものであった。各都市の都市計画は、各道府県に設置された都市計画地方委員会に派遣された内務省技師によって立案された。また、法制度上も都市計画法は全国一律に適用するもので、その運用に各都市独自の工夫の余地はほとんどなかった。戦後、都市計画地方委員会制度は廃止されたが、内務省を継承した建設省を中心に、都道府県、市町村の都市計画担当者が統率される体制は維持されていた。そうした中で、いかに都市計画の権限を国から地方自治体に移譲していくかという地方分権、地方自治の確立が大きな課題であった。革新自治体としての横浜市が都市計画の分野で挑んだのは、まさにこの地方自治の確立、実現であった。

飛鳥田の都市計画観について、鈴木氏は一九六三年三月に市長当選後の施政方針演説に着目した。飛鳥田が説いた五つの重点政策のうちの一つが「だれでも住みたくなる都市づくり」であった。その内容は、道路や下水道などのインフラ整備事業が必要である一方、首都圏の急激な都市開発や工業化、企業の過当競争による設備投資ブームが、市域内の景観の大きな変化をもたらしており、東京の二の舞を演じないためにも、都市の全体計画を「都市設計」という形まで具体化し、市民の協力を求めるというものであった。

ここでの「都市設計」という言葉に飛鳥田市政のブレーンの一人であった環境開発センターの浅田孝の影響が見て取れるように、飛鳥田の都市政策、都市計画はブレーンによって支えられていた。特に地方自治や財政学を専門とする鳴海《なるみ》正泰《まさやす》の果たした役割は大きかった。鳴海は、岡田氏も言及した松下圭一、美濃部都政を支えた東京都政調査会の小森武《こもりたけし》らと交流を持ち、ブレーンの中心となった。こうしたブレーンに支えられた飛鳥田横浜市政は、革新自治体の政策理論という側面において、他の自治体にも大きな影響を与えた。飛鳥田が市長就任の二年後の一九六五年に、主に政治学者らの論考を集めて編んだ『自治体政策の理論的展望』、さらに七一年に出版した飛鳥田、鳴海、そして浅田の環境開発センターから横浜市に移籍した田村明《たむらあきら》の三名の論考が収録された『自治体改革の実践的展望』は、全国革新市長会の会長という飛鳥田個人の役割もあり、革新自治体の都市政策の革新性を広く印象づける書籍となった。後者には、全国革新市長会の「革新都市づくり要綱（案）」も収録されている。

六大事業と土地利用横浜方式

横浜の都市計画を実際に推し進めたのは田村明であった。田村明は『自治体改革の実践的展望』に寄せた「革新都市づくりの方法論」にて、「革新自治体が住民の福祉を守るということは当然ながら、より積極的に住民の意思を引きだし、新しい時代をリードしようとする方法と行動も開始されるべきであろう。そのような先導性と実行力を都市みずから選択しうることが失われていた都市計画を、都市自治体にとりもどし、都市住民のものとすることにつながるはずである」と述べ、プロジェクト主義の街づくりを提唱している（田村一九七一）。

この考え方は、横浜市からの委託を受けて環境開発センターがまとめ上げた提案に基づく横浜の六大事業を前提としていた。六大事業とは都心部強化事業、港北ニュータウン計画、富岡・金沢地先埋立計画、都市高速道路網計画、都市高速度鉄道計画（地下鉄）、ベイブリッジ計画の総称である。鈴木氏は、この六大事業が高く評価できる点は、コンテナ物流がこれからの港湾物流の主流になると認識した上で、港湾機能を当時の港の外側に移し、古い港湾エリアをリニューアルすることで新しい都心を作り出すというヴィジョンを掲げた先進性にある、と指摘した。つまり横浜の革新都市づくりの中心は、戦後復興期以来、在日米軍が集中して駐留し続けた関係で都市づくりが遅れていた横浜の都市構造を変革する、そうした都市スケールの改造計画であった。

一九六八年、六大事業を推進するための企画調整室が設置され、環境開発センターで六大事業に結実することになる調査・提案を担当していた田村が企画調整室企画調整部長（後に室長。また一九七三年の企画調整室から企画調整局への改組にあたって局長）に就任した。田村は、環境開発センターに入所する段階で、「地域計画機関のあり方について」というメモを記していた。この

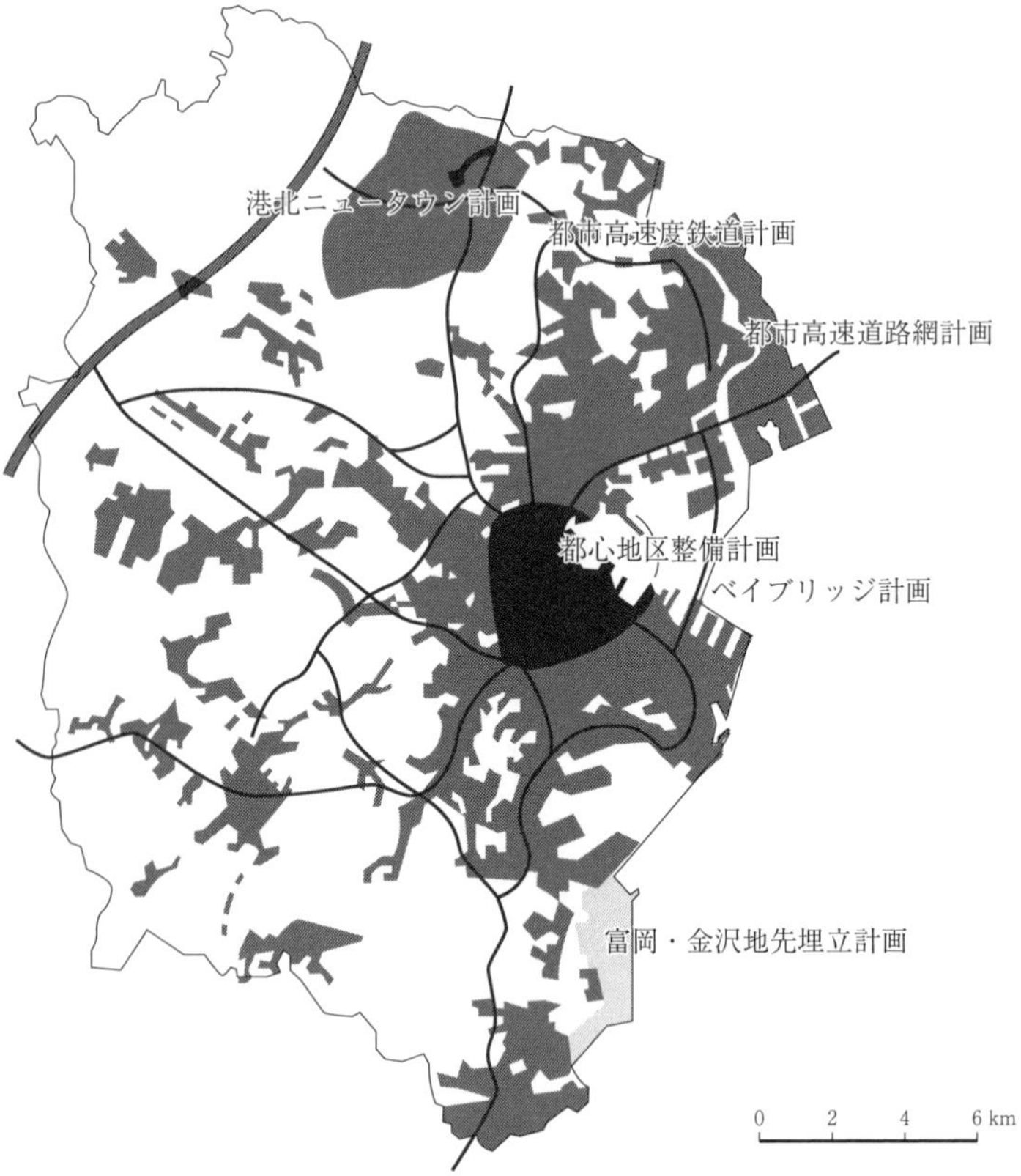

図3－2　横浜の六大事業　出典：横浜市役所1965をもとに作成

メモで田村は「個々の技術、科学の上に立ちながら、これを有機的に統合する手段と組織を要すると共に、個々の隣接諸科学、技術とも密接な関連の下に業務を行う必要がある」とし、計画のVisual性と合理的妥当性、管理・運営・経営の視点とともに、具体的な組織体制を提案している(田村一九六二)。地域プランナーには総合プランナーと専門プランナーがおり、その専門性は建築、土木、設備、調査・法制を基本とし、経済・経営、法制・税務、造園、エネルギー、水、社会、デザイン、交通といった分野への広がりを想定していた。横浜市企画調整局には他局から移籍した人材だけでなく、岩崎駿介氏をはじめ、国吉直行《くによしなおゆき》(早稲田大学武基雄研究室出身)、内藤惇《ないとうあつ》之《し》(元東京大学助手)、西脇敏夫《にしわきとしお》(元大高建築設計事務所)など飛鳥田市政の考えに魅かれて新たに市政に加わった多様な人材が集まった。彼らが一つの大机を皆で囲んで議論していく「大テーブル主義」のもと、仕事を進める体制がつくられたのである。

六大事業以外に、革新自治体としての横浜市を象徴する都市計画の取り組みを挙げるとすれば、土地利用横浜方式と呼ばれた横浜市独自の土地利用コントロール、中でも高度地区と市街地環境設計制度の設定である。当時、建築基準法の改正で、それまでの建物の絶対高さ制限が撤廃され、容積規制へと全面的に移行するという国の方針に対して、横浜市はあえて高度地区を設けて高さ制限を継続し、足元に公開空地を設けることを条件としてその高さ制限を緩和するという市街地環境設計制度を創設したのである。後に建築基準法の改正で総合設計制度として全国に普及していく、建築・都市計画規制の緩和と引き換えに公共貢献を引きだす、いわゆるインセンティブゾーニングの仕組みを国よりも早く、他の自治体に先駆けて導入したのである。鈴木氏は、田村明の以下の言葉を引用し、このような横浜市の姿勢について説明した。

タテマエ上は優位に立っていた国の行政を上回ることができた。たとえば〈都市の景観〉〈都市美〉〈公害〉〈市民参加〉といったことについては、当初反対した国でさえ、今では一八〇度方向を転換し、その価値を認めるようになっている。(中略)〈市民の政府〉として、横浜が機能できたのは、初めから政策形成能力があったわけではないが、実践のなかでヒトやシクミを備えていったからである。(田村二〇〇六)

なお、シンポジウムにて、岩崎氏は田村明から「国の言うことなど一つも聞く必要はない。何かあったら自分が責任を取るから自由にやれ」と言われたとの回想を披露した。

革新都市づくりの革新性と美濃部都政

以上のように六大事業に象徴される横浜の革新都市づくりは、先に見た「革新都市づくり綱領」との関係からすれば、かなり異質なものに映る。なぜなら「シビルミニマム」の設定という革新都市づくりの中核的要素が出てこないからである。原則の第一に掲げられた「主体的住民自治」とも距離があるように映る。当時、革新自治体の都市づくりに期待を寄せ、実際に支援していた石田頼房は、一九七一年の時点での「革新自治体の都市計画」を総括する論考において、「横浜市が独自に、横浜市の骨格づくりとして打出したプロジェクトの多くが、大資本本位の国の計画の一端にくみ込まれ、あるいは、民間ディベロパーの利潤追求の事業と深いつながりをもって来ている事実とぶつかる」と批判している（石田一九七二）。石田は同論考で、革新都市づくりの革新性、あるいは民主性は、住民との関係、大資本との関係、そして国との関係という三つの主体の関係性から捉えられるとしている。横浜市の場合、飛鳥田市長は議会とは別に、直接市民の声を聴く場としての「一万人市民集会」を構想するなど、住民参加の指向性は一定程度、見て取れるものの、実際の都市政策、都市計画の革新性の多くは、国との関係の改革に依拠していたと言ってよい。地方自治体の権限を最大限利用し、国の政策に対抗するオルタナティブを生み出す、それが横浜の革新都市づくりの要諦であった。

「革新都市づくり綱領」で示された、「主体的住民自治の原則」や「近代的市民生活優先の原則」に基づき、シビルミニマムを前面に打ち出していたのは、横浜市と並ぶ革新都市づくりの先導役であった美濃部亮吉知事時代（一九六七～七九）の東京都であった。知事就任の翌一九六八年に公表した『東京都中期計画―一九六八年――いかにしてシビル・ミニマムに到達するか』において、シビルミニマムを政策の中心に置いたのである。「地方自治体である都政の目標が都民のしあわせを守ることにあるのはいうまでもありません。それは民主主義都政の守らなければならない原則であります」という明確な狙いを論じた前文を持つ中期計画は、課題ごとに施策を分類した施策の体系、施策ごとの現況と目標水準としてのシビルミニマム、そして財源の裏づけを持った三ヶ年での事業量と達成率というかたちで、「都政の科学化、合理化」を体現するものであった。石田は、先の一九七一年の論考で、東京都の中期計画については、非民主的官僚的な都市計画をあらため、都民の民主的な討議と住民の納得にもとづいて都民の利益を主とした都市計画をつくる試みとして高く評価し、「シビルミニマムは都市計画の思想となりうるか」という問いを立て、「計画の良否を判断する基準が、住民の生活環境の向上と発展、いいかえればシビルミニマムの達成にある」と自答していた（石田一九七一）。

美濃部都政は、公害問題に対して、国の施策を大幅に上回る内容を持つ東京都公害防止条例（一九六九）の制定などの政策を実現させつつ、中期計画については、毎年ローリングで改訂し続けた。そうした経緯を経て、東京都の革新都市づくりのヴィジョンは、『広場と青空の東京構想 試案』（一九七一）にて集約された。一九七一年の都知事選挙に向けたタイミングで、横浜の飛鳥田市政のブレーンでもあった浅田孝の参画を得て、美濃部都政の試案（正式な計画ではない）として出されたこの構想は、漸進的な改善となるシビルミニマム政策に、東京都の抜本的な都市改造＝長期計画を合体させた内容であった。

市民参加を象徴する「広場」、シビルミニマムによる生活環境の改善を象徴する「青空」を冠したこの構想については、都市計画学者の福川裕一による分析が詳しい。福川は多摩連環都市建設によって都心機能の分散を目指す二極構造論、住民参加によって進める地区レベルの計画論に

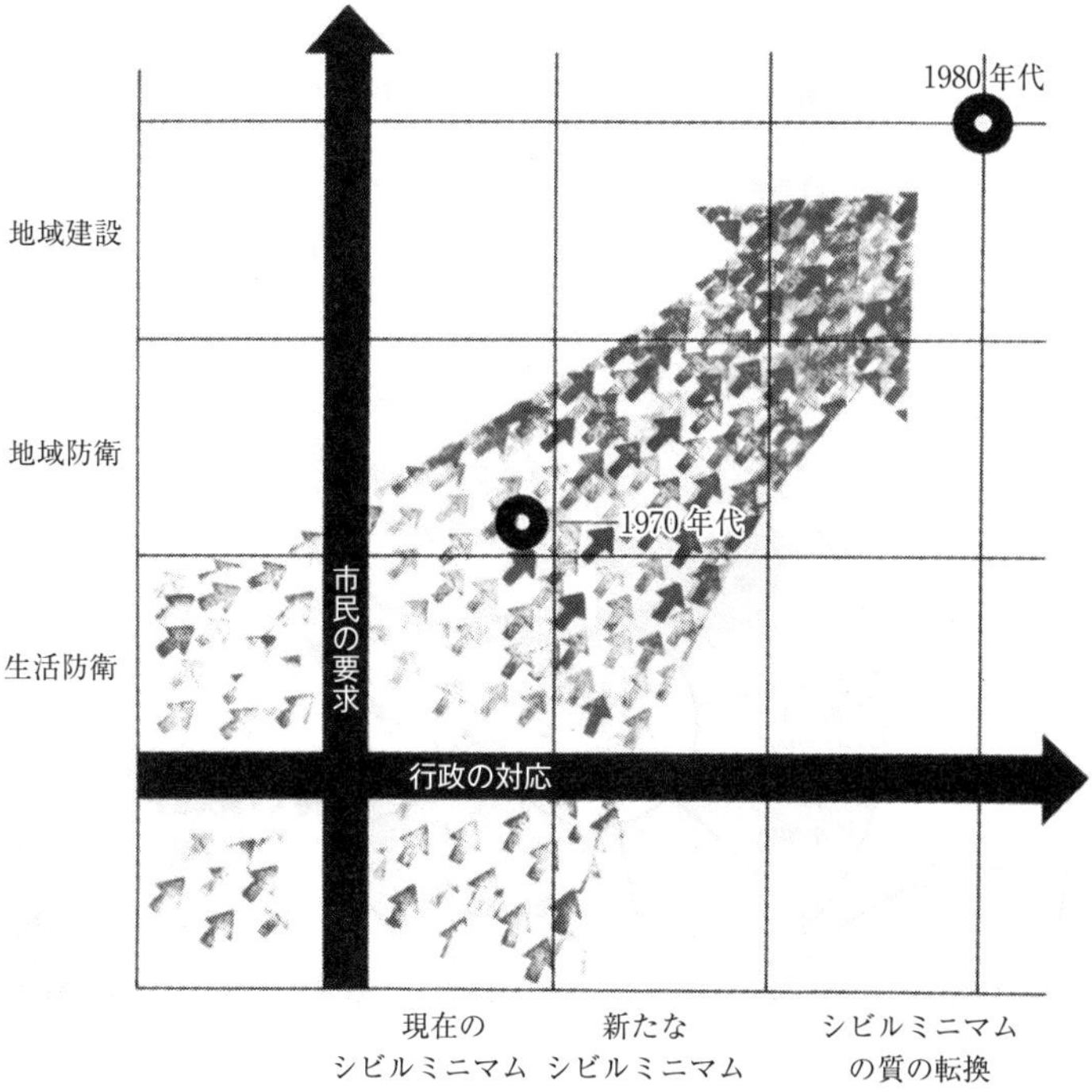

図3-3 『広場と青空の東京構想（試案）』におけるシビルミニマムの構想

焦点を当て評価している。特に後者については、構想としては先駆的であったとした。その先駆性は、具体的には既成市街地を対象とした漸進的な改造であり、計画策定において市民参加を全面的に導入するとした点にあった。一九九〇年代初頭の福川による評価の背景には、東京都心部への激しい一極集中、その一方で世田谷区などで定着を見せていた住民参加のまちづくりがあった。「革新都政が描いたビジョンであるが、その内容は政権が変わっても継続する普遍性をもっていたというべきであろう」というのが結論であった（福川一九九二）。

美濃部都政の時代は、東京都の都市づくりの通史の中で、一九六四年の東京オリンピックを開催した東龍太郎《あずまりようたろう》知事の時代、八〇年代以降のバブル経済期を経験した鈴木《すずき》俊一《しゆんいち》都知事の時代に挟まれ、都市の近代化のひずみへの対応に追われ、結果として道路等のインフラ整備がほとんど行われなかった時代であったと総括されることが多い。美濃部都政の最終年度に一二年間の総括としてまとめられた『低成長社会と都政』（一九七八）に掲載された主要施策の成果によれば、確かに道路整備面積については美濃部都政以前にあたる一九六五年度までに整備されたものが七五パーセントを占めている。しかし一方で、六六年以降の整備の割合は、歩道整備延長（都道）で七二パーセント、公園面積で五六パーセント、図書館数で六七パーセント、清掃工場能力（区部）で八三パーセントとなっている。道路だけを見ていると分からないことだが、美濃部都政ではシビルミニマム政策によって生活インフラが各段に充実したのである。

また、この『低成長社会と都政』の最後は、住民主体のまちづくりの推進が今後の方策として全面的に提示されている。いわく、「都市整備の基礎に住民によるまちづくりの意欲とエネルギーを位置づけ、住民自身のまちづくりから行政による大規模な都市改造に至るまでのルールとシステムを確立していくこと」が大事であり、「住民主体のまちづくりをベースに都市整備を進めようとすることは、一見迂遠《うえん》と受けとられるかもしれない。しかし、拙速を選んで間に合わせ的な都市整備に走ると、常に混乱をひき起し、結局は無駄な二重三重の公共投資を招くことになる。

防災対策など緊急を要するもののほかは、良質な社会資本のストックを増やす方向で着実に、そして〝真の豊かさ〟を追求して居住環境の水準を高めていくべきである」と。ここに革新都市づくりの住民との関係性に関する到達点を見て取ることができるだろう。

3　革新都市づくりのレガシー

都市自治体派プランナーと市民派プランナー

では、革新都市づくりのレガシーとは何であったのだろうか。シンポジウムで鈴木氏は横浜の都市づくりについて、「飛鳥田が市長に当選した当初は非常に厳しい社会状況の中で都市づくりを進める必要があったわけだが、こうした厳しい状況下で育ってきた都市プランナーがその後も都市計画を担当し運営の仕組みが正しく機能していたことによって、当時検討されていたものが少しずつ形を変えながらも実現され、結果的にヒトとシクミを含めた都市計画全体のシステムが形成されたということが一つのレガシーといえるのではないか」と言及していた。

コメンテーターの佐藤滋氏は、より身近な革新自治体であった習志野市を例に挙げながら、「革新市長の政治的な姿勢というだけでなく、若い職員や建築家が自由に能力を発揮できる環境が革新自治体にはあった」と指摘した。そして、まちづくりの歴史的展開において、革新自治体の時代は「理念と哲学の時代」であり、まだ実践的な広がりは少なかったが、生み出された精神や技術、制度がその後のまちづくりの発展につながったという点から、革新自治体の取り組みも同じように解釈できるとコメントした。つまり、革新市政を経験した職員や専門家たちが、その後の時代にその経験を踏まえた取り組みを拡げていったということである。

こうした人材輩出論に関して、岡田氏は革新自治体は多種多様なので一概には言えないと前置きした上で、革新系から保守系に変わった際に革新系時代の幹部の優秀さが評価されるようなことがあったというエピソードに触れた。なお、「革新都市づくり綱領」では、自治体の改革として、「革新首長は、自治体職員の創意・情熱・能力を積極的にくみ上げ、かつ勤務条件の改善に努め、自治体内の民主化を背景に都市づくりへ総力をあげることのできる体制をつくり出す責務がある」とされていた（全国革新市長会・地方自治センター一九九〇）。

実態として、横浜市を除く他の革新自治体において、いかなる都市プランナーが輩出されたのか、あるいは都市プランナーが活動しやすいシステムが構築されたのか、実証的に明らかにする用意はない。しかし、一九六〇年代後半から七〇年代にかけて、少なくともプランナー論が盛んとなり、新たなプランナー像が目指され、その中心的論者が横浜の革新都市づくりをリードした田村明であったことは確かである。

田村の最初の著作となった『都市を計画する』（一九七七）の中で、田村は日本の都市づくりの歴史的展開を踏まえて、従来のプランナーを幾つかの派に分類している。いち早く都市にアプローチし、未来都市への提言を行ってきた「デザイン派」、調査の積み重ねから各種の計画立案を手掛けるようになった「研究室派」、経済学や政治学、社会学などから都市を分析、評論した「都市問題派」(「革新首長に理論的根拠を提供した」とする)、各種の分析やモデルによるシミュレーションを行う「計量分析派」、そして省庁ごとのタテ割り性の強い「中央官庁派」である。田村は、これらのプランナーたちは時代時代の要求に応じて、都市の計画にそれぞれの役割を果たしてきたが、共通する問題点として「都市を外から遠巻きにして計画しようとしているだけで、現に生きて動いている都市に対しての総合的な計画とはなっていない」ことを指摘した(田村一九七七)。その上で生きている都市の内部に入り込む新たなプランナーの流れがあるべきだとして、第一に「都市自治体派」、第二に「市民派」を挙げたのである。

都市自治体派は、田村自身が横浜市での実践の中で育んできた潮流である。田村は、都市自治体は地域に密着し、最も実験的で、かつ総合性を保ちうるとし、中央官庁を中心とする体制を改め、計画の中心に自治体を置かねばならないと論じた。日本の都市計画は、戦前は内務省エリートの技師たち、戦後は建設省を中心とした中央官庁派のプランナーの影響力が地方自治体にも及んでいた。そうした中で、国との関係性を改革しようとした横浜の取り組みが、こうした自治体プランナー論に結実したのである。しかし、ここで今一度、先に言及した石田頼房の「革新自治体の都市計画」での論評に触れておきたい。石田は「革新都市づくり」は、「上からの教育的体質改善」であって、「企画部門、管理職どまりの改革」であると指摘しているのである。つまり、住民参加をも含んだ政策決定のための機構改革には到底なっていないとし、改めて、「住民との接触の中からこそ、都市計画部門の自治体労働者の変革、行政機構改革の展望もひらけて来るであろう」と論じていた（石田一九七一）。

石田の指摘はもう一方の市民派への期待を意識させる。田村は、市民派については各コミュニティや市民団体の中でも計画が生み出されることが必要であり、それらが自治体計画とからまって動いてゆくと言及している。田村が示した市民派プランナーは「素人集団や、民間、研究室等の専門プランナーとが加わる」といったものであった（田村一九七七）。おそらく田村自身の実践の裏付けがあるというわけではなかったが、この時期、区画整理反対運動から始まった神奈川県藤沢市辻堂での住民主体のまちづくり運動（辻堂南部の環境を守る会）とその運動も母体となった市民連合により生み出された葉《は》山峻《やましゅん》・藤沢革新市政（一九七二～九六）、また同様に市民の連動によって生まれた正木《まさき》千冬《ちふゆ》鎌倉市長（一九七〇～七八）と鎌倉の都市計画市民懇談会の設立など、同じ神奈川県の革新自治体での取り組みが念頭にあったように思われる。また、東京都国立市では、一九六七年に社会党市議会議員の石塚《いしづか》一男《かずお》が市長に当選し、革新市政（一九六七～七九）が開始されたが、六九年から七〇年にかけて、国立駅前から延びる並木の大学通りへの歩道橋設置を巡って反対の声があがり、児童の安全の面から歩道橋設置を進める市政とも対立しながら、複数の住民団体が運動を展開した。この過程では、アドボカシープランニングの実践を意識した若手都市計画研究者らも参画した。

具体的な事業や計画をめぐる対立を含む自治体と住民運動、市民運動との構図の中から、新しいプランナー像が見出されていったが、それは一九八〇年代になって、東京都世田谷区での冒険遊び場運動に端を発するNPO的まちづくり活動にもとづき、都市計画家の林泰義《はやしやすよし》が打ち出すことになる「まちづくりプランナー」にもつながっていく流れの原点でもあった。

つまり、革新都市づくりのレガシーとして、都市自治体派プランナー、市民派プランナーという思想や概念が確かに存在する。都市計画の戦後空間は、この時期のプランナー論によって、一気にダイナミックで立体的なフェーズへと広がりはじめたのである。

広場の問題とは何であったか

続けて、「革新都市づくり綱領」でも言及された広場について、革新都市づくりのレガシーの観点から見ていきたい。綱領では、公園とともに広場を積極的に取り入れること、また、「モータリゼーションの進行は、道路から人間を追放してしまったが、伝統的なまつり、朝市、市民集会など市民が集まり、交流し、意見を発表し合う場として、大通りや広場が自由に使える権利が復活されなければならない」という方針が掲げられた。この方針は近年のパブリックスペース、道路の多目的な活用をめぐる政策の動向の先取りのようにも映る。綱領の公表に先駆けて、一九七〇年八月には銀座、新宿、浅草、池袋にて歩行者天国が開始されていた。また七二年には、旭川市にて、革新市長である五十嵐広三《いがらしこうぞう》市長の発意にもとづき、車道を歩行者専用道に転換する日本で最初のプロジェクト「平和通買物公園」が実現していた。都市における人間性の回復の象徴が、道路の広場化であった。

シンポジウムでは、コメンテーターの近森高明氏から、当時の広場が、新宿西口地下広場ゲリラ事件に代表される「政治の場」から、大阪万博のお祭り広場を経て、管理された「消費の場」へと変質していったこと、一九七〇年に美濃部革新都政のもとで開始された歩行者天国も管理された祝祭空間であり、『広場と青空の東京構想』における「都民参加の表現」としての広場の位置づけは、若者にとって重要な意味をもっていた「政治の広場」の解消であったとの解釈が示された。近森氏はアンリ・ルフェーブルが「疎外」された日常生活を問題視し、資本主義がもたらす反復と凡庸さを乗り越える必要性、「日常生活の単調な反復を切断する垂直的な契機」としての広場を主張していたのに対して、革新自治体が望んだ広場は「コミュニティ形成の場」「市民参加：連帯と自治の回復の拠点」としての水平的なものが現れる場であったとし、両者の相違を論じた。革新自治体が提供した広場は、垂直的な契機に紐づけられなかった。すなわち、広場を通じて資本主義そのもの、資本家と労働者の関係性を問うことはなかった。

石田頼房は、『広場と青空の東京構想』を念頭に、「革新自治体が長期展望をたてる場合の困難な問題点、即ち計画目標年次にいたる間の政治・経済・社会体制の変革をどのように計画におりこむか」という課題を提起していた（石田一九七二）。革新自治体はあくまで一地方自治体である。

その地方自治体の政策において、そもそも政治、経済、社会体制の変革を織り込むことは原理的に困難であったと思われる。むしろ、こうした体制変革の舞台であったかどうかではなく、広場は広場としての問題を抱えていた。その問題にどこまで革新自治体が切り込めたのかに関心を向ける必要があろう。このことをもう少し、掘り下げてみよう。

『広場と青空の東京構想』が公表された一九七一年、『建築文化』の八月号は「日本の広場」の特集号であった。「都市のデザイン」（一九六一年一一月号）、「日本の都市空間」（一九六三年一二月号）に次ぐ、都市デザイン研究体による三度目の特集号である。一九六〇年代初頭の現代の都市再開発のレビューと伝統的空間の実測と図面化という、一見相反する関心のように見えて、ともに都市デザインの契機と方法を俯瞰的な視野で探究した前二冊に比べて、八年近くのブランクを経て世に問われた「日本の広場」は、より焦点とテーマを絞った調査の成果であった。よく知られているように、この特集の最も重要な主張は「日本の広場は広場化することによって存在してきた」である。「広場化という主体的な行動を通して、宗教的・社会的・経済的・政治的コミュニケーションの接点として利用される人工のオープンスペース」が、日本の広場なのである。つまり、広場は、空間としてではなく、媒介としての人々の行動そのものから理解される。

この特集号では、「最近の傾向として自治体行政レベルで〝広場〟という言葉が好んで用いられる。これらの言葉が今後、物的空間の問題としてどう展開されるかは興味をそそる。当面は〝公園〟の範囲内で（〝チビッ子広場〟のごとく）、将来は場合によっては条例によって道路でも公園でも駅前広場でもない〝広場〟として出現する可能性もあろう」と、革新自治体も含めた行政主導の広場ムーブメントにも言及がある。ただし、続けて「しかしそれで現代の広場の問題が解決されるという性質のものではまったくない」と否定的な見解を述べている。なぜなら、都市デザイン研究体が捉えた広場の問題とは、生活主体、計画主体、管理主体、この三者の分裂だったからである。この三者が一致しているのが理想の広場である。しかし、自治体が提供する広場は、すなわち計画主体は自治体ということになるが、その自治体と生活主体である市民とは一体でない。そして、当時の広場の多くが、広場としてつくられた空間ではなく、道路などを利用した代替広場であるか、寺社や高層ビルの足元の敷地内広場であり、必然的にそこには生活主体とは別の管理主体がいて、利用の保障は限定的であった。

当時、実際に横浜市職員として「くすのき広場」（一九七四年竣工）の設計を担当した岩崎駿介氏は、シンポジウムにて、「一週間で」という条件でのくすのき広場の設計に際して、何かの論理や事例を参照した覚えはなかったと証言した。岩崎氏は、行政の立場からは、様々な要素をいかにまとめるかという総合性の発揚の場として広場が捉えられるとした。計画主体内での問題意識はその通りであったのだろう。しかし、生活主体や管理主体との関係性についての問いは不在であった。基調講演を行った鈴木氏は同時代に欧州の歴史地区で自動車規制による広場の再生が始まっていたことに触れ、広場については、日本ではやはり管理する側の論理が優先されていたのではないかと論じた。

図3－4　新宿駅西口地下広場で合唱する若者たち（1969年）　提供：朝日新聞社

近森氏が言及したように、一九六九年の夏、新宿駅西口広場ではベトナム反戦運動の一環としてのフォーク集会がそこかしこで展開され、広場は若者たちで埋め尽くされた（図3－4）。そして、当時の美濃部革新都政によって、この「広場」は立止まることを許されない「通路」に名称変更され、若者たちは排除され、広場は消えた。シンポジウムでは、実際に新宿駅西口広場での集会に参加していたという方から、「革新都政である行政側に自分たちが理解されているとは全然思っていなかった」、「決して権力による支配という問題を解決していたとはいえない」との発言が寄せられた。革新自治体の広場とは、それが実空間の広場であるか、あるいは市民参加の象徴であるか、いずれにおいても、広場の問題それ自体に向き合うということはなく、あくまで何かのための手段としての広場であった。広場のリアリティと主体的住民自治の原則とは未だ距離があったというべきであろう。そして、新宿駅西口広場に集ったような若者たちは、美濃部都政が寄り添い、期待をかけた「市民」の中には入っていなかったのである。

なお、『日本の広場』は二〇〇九年に復刻されている。伊藤ていじは復刻版の前書きにおいて「一九六〇年代から七〇年代は、世の中が大きく変わろうとしていた時期であった。まだ日本には西洋の広場とは違った独自のコミュニティが顕在化していたときでもあった。人と人の関係も、精神性も、今よりずっと高尚で健全であったように思う」と回想している。改めて、その時、革新都市づくりが掲げていた主体的住民自治と、伊藤が当時、見出していた日本独自のコミュニティ、人と人との関係が問われる。伊藤は、「現在、私たちは何の不自由のない生活を手にいれることができたが、それと引き替えに、失ってはならないものまで捨て去ってしまった」と続けている（伊藤二〇〇九）。何の不自由のない生活は主体的住民自治によって獲得されたものであったかどうか。主体的住民自治も中途半端なまま、日本独自のコミュニティも失ってしまったというのがその後の歴史的経緯だとしたら、今、何を拠り所として私たちは広場化を進めていこうとしているのだろうか。

人間性の回復の拡張と継承

一九八〇年、全国革新市長会は、「新しい市民都市」をキーコンセプトとした第二次「革新都市づくり綱領」を発表した。一九六〇年代後半から七〇年代の革新自治体の取り組みについて、市民主体の都市づくりの思想を生みだしたと自己評価した上で、これからの自治体革新の原則として、「都市は、生活の場であるとともに、市民文化創造の場でもあります。市民はそこに住み、働き、憩い、学び、さまざまな人間集団のなかで成長していきます。都市は、そのような市民が生きる場として、快適性、安全性、利便性を備えた機能が整備されなくてはなりません。こうした都市環境のなかで、市民が各々の分野において、積極的な創造活動を営むことによって都市は豊かな生命力を発揮します」と謳《うた》った（全国革新市長会・地方自治センター一九九〇）。一九七〇年の「革新都市づくり綱領」では、基本的出発点として「都市における人間性回復」が掲げられたが、八〇年の第二次「革新都市づくり綱領」では、回復すべき人間性の中核に創造性を置いた。

この点は、やはり田村明がこの時期に、都市の個性という主題で、「〝まちづくり〟は人間のために行われる。そして〝まちづくり〟を行なうのも人間である。人間はもともと個性的で創造的であり、総合化の能力をそなえている。それを人間を機械的に機能の枠の中に押しこめて仕事をさせるため、個性も創造力も失われてしまった」と論じていた（田村一九八二）。また、人間性と都市計画、都市の生命との関係についても、「生きた計画を実施してゆくのは、人間である。干からびた形式主義の中では人間性は死んでしまう。みずみずしい新鮮さを失わず、人間と都市への愛情を持った人々の手によって、行われなければならない。都市計画とは終わることのない実践であり、終わることのない未来への賭けである。そこに都市の生命があり、計画の本質が存在するのである」と指摘していた（田村一九七八）。第二次「革新都市づくり綱領」は、その根底に本来の人間性というものへのこうした信頼が確認できる。

は人間の創造力を信頼し、人間が生み出す文化こそが都市の豊かな生命力となると考えた。革新都市づくりのレガシーの最も大事な点は、このような人間観、文化観、そして都市観ではなかろうか。一方で、このような人間観はずいぶん楽天的ではないか、人々の主体的な創造性に偏向しすぎではないか、革新都市づくりい市民都市」の「市民」とは、一体誰のことか。彼／彼女らは皆、積極的な創造活動を営むことが求められるのか。創造性の発揮といっても、おそらく先立つものが沢山ある。革新都市づくりの理念の高尚さと、現実の人間の生きる様とは、どこかですれ違いがあったのかもしれない。

一九七〇年の最初の「革新都市づくり綱領」と第二次「革新都市づくり綱領」との違いは、もう一点、視野の広がりにある。第二次綱領は、「現代民主主義を活性化させるとともに、今日の環境問題、エネルギーや食糧などの資源問題などの人類史的な課題に対する解答にもなり得るものです」と、人類史的な課題、すなわち日本国内に留まらない課題に対して、民主主義で対処しようという視野を持っている（全国革新市長会・地方自治センター一九九〇）。七〇年代の二度のオイルショック、ローマクラブによる『成長の限界』（一九七二）での地球環境問題の提起などの経験は、革新都市づくりのありようにも影響を与えた。

岡田氏は、一九七〇年代後半になると、保守系の自治体も表向きでは公害や福祉などを重要視するようになり、革新系との差異というものを一般市民が感じられなくなってしまったことが革新自治体の終焉と関係していると指摘した。その通りであろう。しかし一方で岩崎氏は実際に革新自治体であった横浜市で働き、飛鳥田市政の終わりとともに横浜市を去った本人の経験を踏まえて、「飛鳥田さんが辞任した一九八〇年頃には、それまでの「資本家－労働者」という対立構造が崩れて、資本家も労働者も同じ側に立ち、「先進国－途上国」という関係性に転換するようになった」「「革新」と言って資本家に対して立ち向かっていた姿勢を失い、アジアに対する支配者として資本家側に立つようになったということですから、当然革新自治体というものも勢いを失うことになった。つまり革新の精神は一九八〇年に失われた」と論じた。

岩崎氏によれば、戦後は、終戦から一九六〇年という全国で都市化が本格的に始まる以前の時代、一九六〇〜八〇年という都市化（アーバニゼーション）の時代、一九八〇〜二〇〇〇年というインターナショナリゼーションの時代、二〇〇〇年以降のグローバリゼーションの時代に分けられるという。つまり、先に提示した農村型社会から都市型社会への移行期までが都市化時代だとして、一九八〇年には戦後を規定した国土の都市化をほぼ終えて、日本は国際化の時代の中に突入することになったという。岡田氏が指摘するように、当時、国際的な環境問題を訴えても選挙ではまったく響かなかったということからすると、多くの人々の意識や関心は依然、国内に留まっていたというのが正しいだろう。岩崎氏が当時、感じ取った関心や問題の国際化もまた、リアリティの一つであったが、それを多くの人々が感じ取れていたとは思えない。

一九六〇年代後半から七〇年代にかけて、五五年体制の確立という安定した土台の上で、都市政策の包括的な構築という点を巡って左右両陣営が汗をかき、対抗した。その国内政治の左右のせめぎ合いにおいて、革新自治体の思想と実践が一極を成すことで一つの戦後空間を生み出した。しかし八〇年代以降、新自由主義経済の浸透と、地球環境や資源問題などの人類史的な課題認識に導かれて、この戦後空間に、世界史的展開への接続が再度、要請されるようになった。いや、こうした外的状況を語る以上に、革新都市づくりが到達した創造性に基づく人間理解は、自ずから世界に開かれようとしていたと言ってしまったほうがいい。ただし、国家や国民という安寧の枠組みが、依然強固な殻として人々の思考を囲い、包み込み、革新都市づくりの想像力、構想力を内向きに、つまり国内に留めるように働いたと理解できる。

さて、問題は今である。もはやその強固な殻もすでに相対化されつつある時代を生きているという認識に立って、革新都市づくりのレガシーを自分たち自身でつかみなおす必要に迫られている。少なくとも私は、より開かれた場所へ向かって、今一度、人間の創造力への信頼を、そうした人間が生み出す文化という都市の生命力を、その生命力に満ち溢れた広場というものを問うていくのだろう。

第四章

バブル・震災・オウム真理教
――二〇世紀末、流動する戦後空間と建築

中谷礼仁

1　松本の暗闇から

得体の知れない空間

一九九四年六月二七日午後一一時ごろから翌二八日にかけて長野県松本市内で特殊な空間が発生した。やや詳細に当時のことを書いておく。

その空間は街の隙間を流れ漂いはじめ、結果的に八人の死者と六〇〇人以上の重軽傷者を出す事件を引き起こした。翌二八日、被疑者不詳のまま長野県警は第一通報者であった会社員の家宅捜索を行い、薬品類を押収し、同会社員を重要参考人とした。これによってこの会社員による過失もしくは犯行との憶測報道が加熱し、この特殊な空間での出来事はメディアを通して社会に伝えられていった。先の事件は何らかの気体によるものと推測されたが、約一週間後、それが人工的に製造された化学兵器・神経ガスのサリンによるものであることが判明した。その過程で、会社員の保持していた薬品からサリンが製造できないことも明白になったが、加熱報道は継続し、同会社員の政治的動機までが取り沙汰されることになった。同会社員はマスコミからの求めに応じ潔白を述べ続けた。しかしこれが逆に作用し、その後も会社員への疑いは社会の中でくすぶり続けていた。真の実行犯よりむしろマスコミや一般の聴取者たちのほうが、妄想を増殖させる培養瓶の中にいるようであった。

翌一九九五年三月二〇日、通勤で混雑する朝の東京で、同じくサリン・ガスを用いた無差別殺人事件が発生した。日本の国家中枢施設が集中する霞ケ関駅に向かう複数の地下鉄を同時に利用したものであった。霞ケ関駅到着の数駅前から各列車内で気化しはじめたサリンは、一般乗客のみならずサリンと知らないで処理を試みた地下鉄職員をふくむ一四人の命を奪い、六三〇〇名以上の重傷者が発生した。これらは、戦後日本において無差別殺傷を目的として化学兵器が使われた最初の例である。

実行犯あらわる

実行犯は何者なのか？　同二二日に警視庁は、以前よりサリン散布の実行組織として強く疑われていた新興宗教法人・オウム真理教の各施設への強制捜査を実施した。その結果複数の教団施設から、自動小銃の部品、軍用ヘリコプター、サリン製造に関連する薬品が発見された。連日続くTVからの放送は、富士の裾野、山梨県旧上九一《かみくい》色《しき》村（現富士河口湖町）に一二棟まで建設された教団主要施設「サティアン」群を映し出していた。そして上空から、その敷地内に置かれたロシア製の軍用ヘリコプターの姿を映し出した。

宗教法人が武装ヘリコプターを所有していたことは衝撃だった。しかしなお決定的なサリン放出の証拠が得られない中、教団幹部の一人を別件で逮捕、同幹部の自白を起点として全容が解明されはじめた。警察は事件をオウム真理教による組織的犯行と断定し一斉逮捕にこぎつけた。強制捜査活動中の五月一六日に、教祖の麻原彰晃《あさはらしょうこう》（本名・松本智津夫《まつもとちづお》）が、第六サティアンの階段踊り場上の天井裏に潜んでいたところを逮捕された。同一〇月三〇日に東京地裁からオウム真理教に解散命令が下され、教団側の抗告は却下された。これによって同教団の活動は終焉に向かった。

その後数年を経てサティアン群は完全に除却され、主要施設のあった地域もその名前が消された。四半世紀近くが過ぎた二〇一八年、麻原彰晃以下同教団の主要幹部など一三名が処刑された。一方、サリン散布の舞台となった営団地下鉄の事件後の車内、構内には、特別警戒実施中というステッカーが貼り付けられた。このテキストはその後も各公共交通機関に伝搬し今日まで貼りつけられたままである。

一九九五年一月一七日午前五時四六分

一九九五年初頭にはもう一つの重大な事件が発生していた。一月一七日午前五時四六分、兵庫県淡路島北部付近を震源としたマグニチュード七・三の大地震が発生、いわゆる阪神・淡路大震災である。二〇一一年に発生した東日本大震災以前までは日本の戦後に発生した地震災害として群を抜いて最大のものであった。淡路島北部から神戸方面に続く活断層のずれによって発生したとされ、神戸と洲本で震度六を観測したほか、活断層の走っている一部地域では震度七の激震が起こっていたことが判明した。被害は甚大で、消防庁の二〇〇六年の発表によれば、死者六四三四人、行方不明者三人、負傷者は四万三七九二人にのぼる。家屋の被害は全壊一〇万四九〇六棟、半壊一四万四二七四棟、一部破損三九万五〇六棟である。

災害はとくに神戸市に集中し、中心部の長田《ながた》区では二日間延焼して、区のほぼ全域が灰燼に帰した。木造家屋ばかりでなく耐震設計の鉄筋アパートやビルまで倒壊し、ライフラインの電気、ガス、水道、電話などが壊滅、道路、鉄道などの交通網の寸断、液状化現象による人工島ポートアイランドの沈下、日本最大のコンテナバースの崩壊など、都市機能と経済基盤が大きく破壊された。この震災によって、一九八一年より施行された「新耐震設計基準」以前に建てられた建物・都市構造の弱点が明らかとなり、耐震強化のための整備が全国で進められた。そのほか観測予知、情報収集、危機管理、被災後救援・復旧のあり方が根本的に見直された。以降、壊滅を被った神戸の低地一帯が再建されていった。

一九九五年・流動する戦後空間

これら一九九五年に発生した二つの出来事は、精密な近代社会をソフト・ハードともに構築していたはずの当時の日本の脆弱性を白日のもとに曝け出したものだった。それら出来事の発端の性格は異なる。オウム真理教による一連の事件は個別的・閉鎖的集団の恣意から始まり、阪神淡路大震災は予測の難しい大地の軋みから始まった。しかしその共通の舞台・標的となったのが一九八〇年代中盤以降より激しくなっていたバブル経済とその終焉によって変容した日本の社会空間、実体的には都市活動であった。

一九九五年当時、筆者は三〇歳であった。本章が検討する主要要素である、バブル経済、阪神淡路大震災によって明らかになった都市の脆弱性、そしてオウム真理教による一連の反社会的活動は、一体的な連鎖のなかにあると当時から感じていた。その構造を明らかにするのが本章の目的である。そして筆者自身もその渦中にいて事件の経過を間接的にではあるが強く体験した。以上のような理由で、この報告では当時の自身の経験も含めて書くことにした。東京が舞台の中心として描かれているのは、その当時の生きてきた場所だからであり、それ以外の意味はない。いずれにせよ冒頭に述べた特殊な空間とは、松本で発生したサリン事件のみならず、当時の筆者も巻き込んだその激しく流動的な空間そのものである。その空間の形を明らかにしたい。そしてその特殊な空間の中で、筆者を含む「わたしたち」がどのように行動したのかを問うてみたいのだ。

オウム真理教との遭遇

オウム真理教を筆者が初めて知ったのは彼らが「オウム神仙の会」を名乗っていた頃の一九八五年であったから、その活動の最初期からである。通学途中の行きつけの高田馬場の書店に何故か彼らの本が高く積まれていた。インド・ヨガと神秘学をミックスしたようなその紙面はインド放浪への憧れを刺激し、興味を覚えたものである。その後、忘れていた彼らを急に身辺で感じるようになったのは、彼らが真理党を結成してアニメライクでキッチュな衆議院選活動を行い、惨敗を喫した九〇年以降である。筆者が論文指導を担当した学生がインドから帰ってきた直後に入信してしまった個人的な出来事以来、彼らの活動を注視していたのだった。

当時、秋葉原の裏通りを歩いていると、帽子とダウンジャケットをまぶかに被り白い法衣を着た女性信者が足早で近づいてきて、サンスクリット語風の屋号の激安コンピューター店のチラシを渡した。オウムだ、とはやす往来に動じることなく、彼女はいく筋もの裏通りを足早に、しかし一定の速度で傍に抱えたチラシを配り続けた。これは修行の一環でもあったのだろう。TVではサティアン潜入特番が組まれ、教祖の脳波をダイレクトにシンクロさせる脳波電送装置「ヘッドギア」などのサイバーパンク的なデバイスや教団のスタジオで製作された布教アニメも紹介された。オウムによるプロダクトは、筆者と同年代の教団幹部たちが共有していた先端性を帯びていた。特殊な空間への入り口は、様々にカモフラージュして開いていた。オウム真理教による活動は、一九八五年から約一〇年をかけてたびたび社会・出家元家族との軋轢を起こしながら、バブル下の経済活動の狂乱を模倣したかのようなエスカレート的振る舞いによってその資本が蓄積された結末でもあった。

テレビ画面の中の災禍

一方で阪神淡路大震災の出会いはＴＶ中継だった。一月一七日当日の朝五時台の速報ニュースに偶然立ち会ってから、その日は予定を変え一日中その中継を見ることにした。神戸の海岸線を東西に縦貫する阪神高速道路の柱脚がねじれ、上空の道路がのたうち倒れている風景に驚嘆した。そして当日の午後、まだ倒壊した家屋の下敷きになった人々がいたはずのくすぶる長田地区が火に包まれた時のアナウンサーの苦痛に満ちた実況が忘れられない。

筆者はその月末には水の入ったペットボトルを十数本リュックに背負い込み、現場に到着していた。芦屋の丘から眺めた低地地帯は倒壊した木造住宅でうめつくされていた。知人宅を探しに下に向かうと、倒れた高速道路の柱脚を背にして、支援物資の受け取りに向かう切れない人々の群れに遭遇した。火災を免れた戦前からの文化住宅（木造二階建の賃貸アパート）の地域を歩くと、途中で折れた柱や梁《はり》の傷口から発した新鮮な木の匂いが、すえた生活の匂いをかいくぐって漂ってきた。それら住宅の切断面からは、骨董めいた品々からパソコンのディスプレイまで実に様々な生活の器が崩壊寸前のまま露出していた。その景色が教えてくれたのは、現在が過去からの雑多な事物の連鎖によってこそかろうじて保たれているということだった。

しかしこの気づきも一方のオウム事件によって、メディア上では不本意にかき消されてしまった。近代技術に対して様々な反省を迫った阪神淡路大震災は、東京を主としたオウム真理教の日々エスカレートする内戦的雰囲気によってその後の進展はなかなか伝わらなくなってしまった。本章では、阪神淡路大震災がその後の社会に与えた影響についても今一度紹介、検討する。

何はともあれ、未曾有という言葉が相応しい一九九五年のこれら出来事の舞台となった、バブル経済下の日本の素描から始めたい。

2　バブル経済が生んだ空間

バブルとは何か

本章に関連して開催されたシンポジウム04（二〇一九年一一月）では、バブル経済・阪神淡路大震災・オウム真理教それぞれのトピックに対応させた三名の人物に講演を依頼した。

バブル経済とその当時の都市について担当した山形浩生《やまがたひろお》はＳＦに造詣が深く、東京大学都市工学科を卒業した都市経済の専門家ならびに翻訳者である。さらに批判も多いアベノミクスの強烈な肯定者であった。この立場がバブル前後の日本の経済と都市の検討に対する、明快なスタンスを持った知見の提供者として期待された。まずは彼によるバブル経済のまとめを追ってみたい。

山形は発表の冒頭より、バブル経済を行き過ぎではなく、むしろ中途半端に終焉を迎えてしまった現象として捉え直したいと述べた。この「中途半端なバブル」というモチーフは、本章が扱う空間を解読するにあたって重要な意味を持つことになる。

さてバブルとは、一九八五〜九〇年までの金余りによる日本国内の資産高騰と崩壊、現在まで続くその後遺症である。それは一九八五年、各国の協調によってアメリカの貿易赤字削減のために基軸通貨ドルの価値の切り下げをめざしたプラザ合意が直接の発端である。これ以降当時一ドル＝二四〇円であった為替レートは、一五〇円前後まで急激に下降／上昇した。このドル安／円高による輸出不況を乗り切るために、国内での需要拡大（「内需拡大」）が鼓舞され、資本を流動化させるために大幅な利下げが断行、金融の量的緩和が始まった。さらに原油価格が急落したことによって、円高であっても日本企業の活動は衰えずさらに好調が重なった。

これらによって、輸出産業国であった日本の経済成長の主戦場が日本国内になったのである。国内資本が過剰流動化し、不動産市場や株式市場に流れ込み、その価格を刻々とエスカレートさせていった。これによって生じたのがバブルであり、株や不動産などの時価の資産価格が、それに対応する実体経済から乖離して上昇してしまったのだ。

バブル経済が生み出した荒地、そしてアベノミクスへ

これによって地価が急上昇したため、相続税が払えなくなった都市部の小規模経営者の土地は投機目的で転売され（地上げ、転がし）、ブローカーたちの主要なターゲットの一つとなった。東

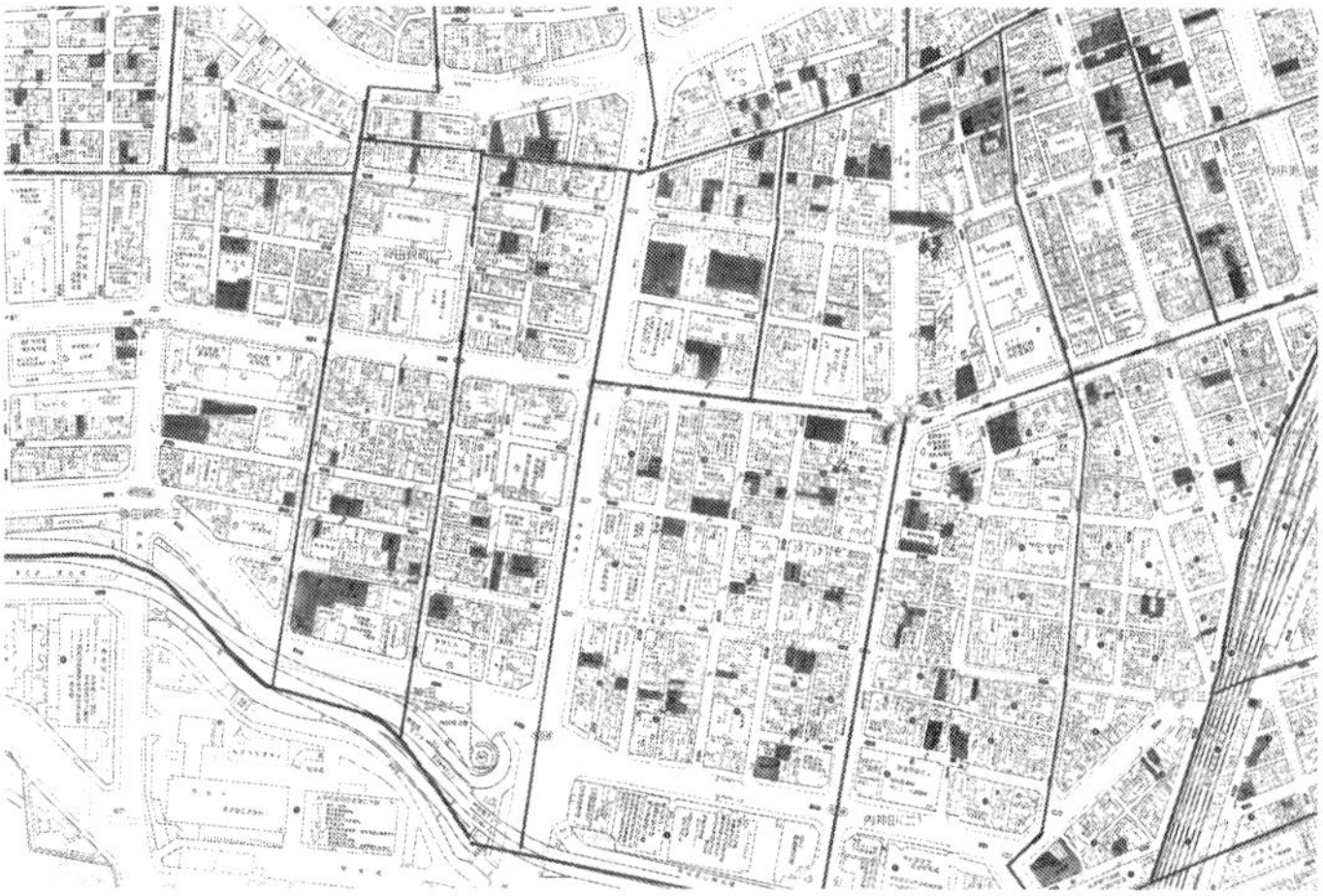

図4－1　写真家浜昇が地上げされた土地を記録するたびに記したメモ。塗りつぶされた土地が地上げされ建物がなくなった土地。神田須田町付近（1989年）　出典：浜昇『Vacant Land 1989』photographers' gallery、2007年

京神田で区画全体が消失する等、主要都市の実体に大きな影響を与えた（図4－1）（この経緯は宮崎一九九八を参照のこと）。

一九九〇年三月、バブルの行き過ぎに対して旧大蔵省は土地関連融資の総量規制をおこなった。これによって土地投機の資金源の流通が停止、一気にバブル経済は収縮したが、その過程で信用が収縮し、元本が割れ、多量の不良債権が発生した。これによってバブル崩壊という後遺症が始まる。その影響は予想を超えて大きく、以降「失われた二〇年」とよばれる、世紀を跨いで長期にわたった日本経済の収縮期が始まる主因となった。

二〇一二年一二月から始まったアベノミクスとは、この収縮による長期の低成長に対して「異次元の」金融緩和によって適度なインフレーションを与えようとするものである。

これによって景気上昇と国家財政の相対的な赤字削減をも目指したものであり、その手法にはバブル経済の経験が寄与しているだろう。新自由主義的ニュー・ディールともいうべき国家介入型経済政策として、バブルが再生されたともいえる。そしてその空間的舞台として、二〇〇二年に始まった都市再生特別区域制度は、特に東京、大阪の首都圏でおおいに展開した。この制度は都市再生のために、既存の用途地域や容積率や高さの制限によらない高度利用を許可するものだが、二一世紀の日本の大都市圏のスカイラインを急激に変更しつつある。

背後にあった一大パラダイムチェンジ

さらに、このバブル経済の歴史に補足しておくべき世界史的事象がある。最中の一九八九年に発生した、旧東西ドイツを分断していたベルリンの壁崩壊である。

これを機に冷戦構造が崩れ、東欧の社会主義圏を自由化の波が洗い、一九九一年一二月にはソビエト連邦が崩壊するに至った。当時、自由の勝利として肯定された現象だが、一方でこれに伴う「主義」の解体が懸念された。つまり自由競争（自由経済・資本主義）vs.平等分配（計画経済・社会主義）という近代社会の把握しやすい対立パラダイムが通用しなくなってしまったのである。これによってむしろ地域・民族紛争等が発生しやすくなるという指摘が当時から散見されたが、実際、その後の今日に続くまで世界はそのように進行している（当時の指摘については、たとえば『一九九六年（平成八年）版　外交青書』「第1章総括――95年の国際社会」を参照のこと）。

バブル的カルチャーの特質

経済活動を国家理念からマクロ的に制御していた冷戦構造が力を失うなかで、当時のバブル経済によって発生した新しい都市事象や文化はどこに向かうべきか？

その問いがバブル期都市文化の先端的テーマ（なぜならそれが次の流行となる）となった。この果ての見えないバブル的想像力の発生を肯定的に捉えたのが山形であった。彼の「中途半端なバブル」発言はこのスタンスから発せられたものだ。逆にこの不安定な想像力を否定的に捉えれば、それに代わる「高次」の観念が逆に要請される。冷戦時代の「主義」が不在となった時代に、宗教にその光明を見出すものがいても全くおかしくない。第三次世界大戦後、西暦二〇一九年の東京の都市再開発を舞台とした大友克洋『ＡＫＩＲＡ』（一九八二〜九〇、アニメ版は一九八八年公開）に登場する脇役・鉄雄の身体が巨大化する様は膨張するバブルの象徴であり、これを制御しようとするのは、旧来の国家機関、反体制組織、そして新興宗教であった。

ヴァーチャルな都市空間の胎動

次に当時のバブル経済が建築・都市へもたらした影響を確認していこう。山形がまず挙げた当時の代表的開発事例は、森ビルによるアークヒルズ（六本木・一九八六）である。ここでは衣・食・住を交えた大規模総合開発によって、世界でもトップクラスの金融系企業を誘致できるようなオフィス空間を東京に創出するという狙いがあった。一方の三菱地所による丸の内マンハッタン計画（一九八八）も同様の開発事例であった。

これら大計画の後ろ盾となったのは、二〇世紀末までに東京だけで霞が関ビル三五〇棟分が不足するという予測を立てた旧国土庁大都市圏整備局監修『首都改造計画』（一九八五）であった。さらに当時「東京は世界の首都の一つであり国際企業のアジア拠点は東京に置かれるべきである」という国際的評価もあった。[1] またSF小説の分野でも当時の東京周辺を舞台としたものが現れた。ウィリアム・ギブスン『ニューロマンサー』（一九八四）では仮想空間上で活動するサイバーパンク特有の世界観が打ち出された。「チバ・シティ」が次代の中心地として描かれ、日本はファッション、最新技術に長け、礼儀正しい「さらりまん」が暗躍する都市として描かれている。

「自由化」する建築単体

また建築単体にはどのような影響があったのだろうか。山形によれば、バブル期の再開発の中で設計された建築作品は、その多くは国内の組織設計事務所や建設会社の設計部が下支えしながら、当時先端的デザイナーとして重視された高松伸《たかまつしん》（キリンプラザ大阪〔高松伸建築設計事務所、心斎橋、一九八九、現存せず〕）やフィリップ・スタルク（スーパードライホール〔日建設計、フィリップ・スタルク、GETT設計、浅草、一九八九〕）、アルド・ロッシ（ホテル・イル・パラッツオ〔アルドロッシ（基本設計）、福岡、一九八九）といった多数の建築家によってそれぞれユニークなデザインが提案された。その多様なデザインは枚挙にいとまがなく、建築メディアは活況を呈した。

バブル時代の建築は、モダニズム批判から始まり一九八〇年代には、それまで低くみられていた商業建築デザインの正当化となった「ポスト・モダニズム」と呼ばれる建築潮流とも相性が良かった。それらバブル期建築デザインの最も重要な特徴は、建築実体の相対価値の低下にあったという。つまり建築を土地とその上部に立つ建造物（上物）に分けて考えた場合、土地価格が急騰したバブル期にあっては実体経済に基づく上物の価値割合が土地に比べ急激に低下したのである。しかし低下しても、土地取得から始まる総建設資金は相当に潤沢であった。その結果、そのデザインに社会的、経済的検証がさほど加えられず「自由化」した。つまり土地と上物との関係のねじれのみならず、外観と構造、ヴァーチャルとリアル、これらが激しく乖離したのだ。

もしバブルが続いていたら……

しかしながらバブル崩壊によってその乖離現象はどこにも振り切れることなく中途半端に終焉

1　この東京の状況を社会学的に理論化したものがサスキア・サッセンの著作『グローバル・シティ』（一九九一）である。この著作では商業とその拠点という従来の図式ではなく、金融イノベーションにより各生産拠点をＩＴによって接続し物理的生産から遊離した先進的な都市として東京が評価されたのだ。山形の説明による。

を迎えてしまった、と山形は強調した。もし仮にバブルがあと数年間継続していたならば、後のインターネットなどと結合することで、ヴァーチャルな方向への展開が他国に先んじて進んでいたかもしれない。しかし結局のところ、日本のバブルは局地的な開発を推し進めたが、それは歴史の遺物を一掃できるほど強力なものではなかったのだ、という。

最後に山形はバブル経済と震災、オウム真理教との関連について私見を述べた。まずオウムとバブルとの関連について、この時期にはハッカーやオタクなど、現実を離れても仮想空間の中で活躍できるという奇妙な「社会」的生き方の将来像が一部の若者の間に生まれた。そしてオウム真理教の活動期が一九八五〜九五年までの一〇年間であったことを考えると、時代的にも、そしてその奇妙な「社会」性においても彼らこそがまさにバブル的生き方の鬼子《おにご》であった。だからオウム真理教による事件とは、バブル経済下のリアルとヴァーチャルとの乖離の果てに生じたヴァーチャル側からのしっぺ返しとして捉えられる。また阪神大震災ではインフラ不足や防災上の問題が露わになったが、これはバブル期開発へのリアル側からのしっぺ返しとして捉えられるという。崩れた高速道路が大蛇のように街路に倒れ込んだ様子が思い起こされるだろう。

バブル、阪神・淡路大震災、オウム真理教事件によって結ばれるその空間像

これまでの検討と山形の指摘から、まずベーシックなバブル・震災・オウム真理教を要素とする空間を描くことができる。まず世界経済は東西冷戦の構造的くびきから自律、流動しはじめた。

この状況で一九八〇年代中盤より日本国内で発生したバブル経済では、実体（経済）と資産（経済）との間にこれまでにない不安定な乖離が発生した。これがバブル経済空間である。

すると震災が発生した大地は、経済空間の下辺を構成する実体経済の前提であり、リアルを代表する。そしてオウム真理教は主義に代わるヴァーチャルな宗教理念であり、俗世の経済空間を踏みにじりながら上辺を志向する。この上下双方から当時の経済空間にそれぞれ深いインパクトが与えられたのだ。これがバブル・震災・オウム真理教を要素とした空間像である。そうすると山形が指摘した「中途半端なバブル経済」をさらに徹底的に突き詰めようとした実例が、実はオウム真理教の活動だったのではないか。もうちょっと進んでいたら……、このヴィジョンは、定まった目標がないゆえにバブル経済を進め、さらに見果てぬ世界のためにそれを突き崩そうとする暴力的、投機的な理念でもあった。筆者はこれを批判的に検討し直すために、この図式に従ってさらに話を進める。

3　阪神・淡路大震災後の復旧・復興のリアルさ

では「リアル側からのしっぺ返し」の実際はどのようなものであったか。シンポジウム04では、阪神・淡路大震災がその後に与えた影響を京都大学防災研究所の牧紀男《まきのりお》が総括した。その総括と震災復旧復興の経過をまとめた複数の資料から同震災後の復旧・復興過程の特質を捉えてみたい。

バブル空間を無効化する大地の揺れ

復旧・復興過程での「リアル側からのしっぺ返し」とは、もはや崩れた高速道路を意味しない。端的にそれは大地に連続し、大地の上で生きざるをえない人々のフィジカルな生活・経済条件の復活を目標とすることとして現れる。総じて神戸市による復旧・復興事業は課題に柔軟に取り組み、既存の都市計画手法のみならず、個別の地域ごとの課題にみあった解決法が実務的に図られた。つまりリアル側からのしっぺ返しが、その後の都市開発に有効に働いた複数の事例を輩出したと考えることもできる。その経過を概観する。

震災の一ヶ月後の二月一六日、神戸市は被害の大きい既成市街地の五八八七ヘクタールを対象に「震災復興促進地域」を指定、建築制限期間が切れる三月一七日には無秩序の再市街化を防ぐために新たな都市計画を決定した。これによって被災地は三つの地域に分けられた。まず「都市計画決定地域」、強い権限を行政が持って、地域内の各所有地を減歩し公共空間を確保しようとする土地区画整理事業、再開発事業地区である。次に、指針を定め、その解決方法については比較的柔軟な「重点復興地域」である。その他八割の地域は具体的な復興計画を定めない「白地地区」となった。

その中で難航したのはいうまでもなく土地区画整理事業であり、特に再開発計画は現在も続いている。震災発生直後の事業地域の一方的決定もあり多数の住民が反意を表したのだ。

土地区画整理が社会事業として成立する理由として、それによって土地利用が増進されることが根拠となる。ひいては資産価値も増す。しかし土地の有効利用には相応の敷地規模が必要である。震災で被害を被った木造密集地帯は当初から余裕のない狭隘《きょうあい》な土地を生活や商売のために用いているのであり、土地が減少すればその分だけ使用価値が直接的に減ることになる。一九九五年当時、地価の下落した同地で土地利用増進から再開発を断行する論理は成り立ちにくくなっていた。

「まちづくり」の本格化

ただし同震災の復興においては、大小さまざまなレベルで専門家のコーディネーションを仲立ちとし、住民が主体的に計画に参画するいわゆる「まちづくり」形式が功を奏したといわれる。「まちづくり」は一九七〇年代の地域市政の高まりが生み出した方法であった（本書第三章参照）。これによって野田地区など区画整理事業がすみやかに行われた例もあった。当時、被災地では震災後に一〇〇以上のまちづくり協議会が生まれた（阪神・淡路大震災復興フォローアップ委員会編二〇〇九）。生活街路の拡幅・整備を主眼としたもの、全面改造ではなく小規模に分散する集合住宅と戸建の建て替え住宅からなる修復型事業など、新たな都市デザインの提示より、既存の街のあり方がそれぞれの地域再生の強いひな形となった。

これらの中で興味深い事例を一つ挙げる。通常の行政が主体となって行われる土地区画整理事業ではなく、復興を検討する途中で地域住民が組合を組織して主体的に行ったミニ区画整理事業（湊川地区）である。同地域は戦前からの木造長屋約二〇〇戸が立ち並ぶ密集地域で幅員三メートルの私道からなっていた。震災によってその半分以上の建物が全焼・全壊した地域であった。同地域では全域共同住宅化を図りたいという「無謀」ともいえる構想が住民側から提案されたのだ。ここから土地区画整理事業が、地元主体で行われることになった。このような案件は日本初だったはずである。その結果、具体的な復興策を規定しない単なる促進地域から重点復興地域へ移行し、相応の補助が期待できることになった。しかしその途中で区画整理を前提としつつこれまでの戸建てを継承したい派閥が形成され、共同住宅化は暗礁に乗り上げた。結果的に、地域全体で防災上の利便を図る道路拡幅や通り抜けの確保は実行され、住宅の一部が共同住宅として再編成されることになったのだった（安藤二〇〇四）。

東日本大震災によって定められたレガシー

ここでのプロセスにおいては地域住民、行政、コンサルタントによる多大なエネルギーが費やされた。その結果として街は以前とあまり変わらない雰囲気を残している。しかしながらその都市構造は大きく改善したわけで、筆者はこの結果が震災後のリアル側から、現代都市空間へ向けての積極的な「しっぺ返し」であったと感じる。住民の対立も含む湊川地区のまちづくりの様子は当時マスコミから注目され、TVを通じて全国に放送され、筆者も視聴した。

しかし牧が述べたように直後のオウム真理教解体の過程の中で、このような神戸のヴィヴィッドな試みは次第に他地域に届かなくなったのである。阪神・淡路大震災からの教訓は、新潟県中越沖地震（二〇〇七）までは活かされていくが、もう今後は来ない「異次元の災害」として処理され、その教訓が有効に生きる場面が減少したと牧は総括した。それが本格的に生き返ったのは、阪神・淡路大震災を超える東日本大震災が二〇一一年に発生したことによる。激甚な災害が日常化すること、そして今後も後処理を続けざるを得ない原子力発電所炉心溶解事故によって、ようやく私たちは震災のリアルを受け入れたのだった。

4　擬似国家・オウム真理教

オウム真理教の現場から

さてオウム真理教が引き起こした出来事（山形のいう「ヴァーチャルからのしっぺ返し」）については、すでに多くの関連書籍が出版されている。その中で一冊の本が目に留まった。地下鉄サリン事件から二〇年後の二〇一五年に出版された『アット・オウム――向こう側から見た世界』

（ポット出版）という本で、サティアン内の信者の生活風景を活写した書籍であった。

逮捕に至るまで麻原は次第にその形姿を一介の修行者のイメージから、肥大した教祖へと変化させていった。一方でその書籍に活写された、孤立した環境下で集団修行を行う信者たちの姿は、サドゥ（行者）のように痩せ、俗念を取り去るかのように無造作な短い髪をしていた。麻原を中心とした教団上層部が社会に仕掛けたいくつもの敵対的行動と、写真のなかの修行中の信者やその生活空間とのギャップはオウム全体の複雑な多層さ、さらにいえば信者一人一人の生き方について、否応なく考えさせる力があった。

その本の著者ならびに撮影者であるジャーナリストの古賀《こが》義章《よしあき》にシンポジウムでの登壇を依頼した。その貴重な写真を披露いただき、そしてジャーナリストとしての古賀には同時にオウム真理教の経済活動と信者の様子について特に触れてもらった。

一九九五年時点のオウム真理教関連施設の概要

大手出版社に勤務していた古賀は一九九四年の松本サリン事件の頃から『週刊現代』誌でオウム真理教を対象とした取材を行ってきた。オウムの専門家というわけではないが、オウム真理教の施設が解体されるという話が持ち上がった際に、施設のあった熊本県旧波野《なみの》村《そん》、山梨県旧上九一色村、静岡県富士宮市に出向き、信者の許諾を得てサティアン内部を撮影した。その後個人的に、オウム施設が更地になるまで約二年間通い続け、その様子を克明に記録した。

その当時、全国の主要一七拠点におけるオウム真理教の資産は計二七億円に及び（一九九五年九月下旬の実勢価格、前年に売却した波野村も含む）、彼らは二九万平米の土地の中に五一棟の建物を所有していた。一七拠点のうち最大のものは波野村で、その面積は一五万平米、実に東京ドーム約三個分に相当した。信者数は、たとえば上九一色村を見た場合、当時の同村の人口一七〇〇人に対し最盛期の信者数は八〇〇人にのぼった。教団施設の建設は、当時、麻原が抱いていた「日本シャンバラ化計画」というユートピア構想に基づいて進められた。これは彼らが運営する聖なる空間を拡大し、世界救済の拠点を建設することが目的だった。教団後期ではその組織構成に省庁制を敷いたように、オウムの内部が一国家のシミュレーションなのだという指摘もあった。

オウム真理教による積極的経済活動

彼らにとって経済活動は非合法活動やサティアンの建設を行っていく上で大きな意味を持つ社会的活動であった。たとえば一九九二年に教団は「株式会社マハーポーシャ」を設立している。この会社は在家ではあるが教団に対し奉仕活動を行う意欲のある信者たちの受け皿として始まった。会社運営は教団が担うものの実際に勤務したのは在家信者たちであった。在家信者に支払われた給料はお布施として教団に還元されるため、高い利益率を誇った。

同会社にはメインのパソコンの製造・販売会社のほかにラーメン店「うまかろう安かろう亭」、喫茶店「イタリアンうまかっちゃん」、カレー屋「運命の時」などの飲食店も含まれていたが、各店の命名は全て教祖自ら行っていたという。また〝SSA（スーパースターアカデミー）〟というタレント養成所もあり、ここでは信者となった著名なダンサーによる指導が行われていたほか、信者の宿舎としての機能も持ち合わせていた。この会社は信者の勧誘、信者による経済活動といった目的を持っていたが、信者に教団組織内での自己実現の場を提供するという意味でも機能していた。

成長するメディア戦略

同会社とは別に、教団内に設置された広報企画本部では信者がさまざまなメディア活動を全て「自前」で行っていた。編集者としての経験がある信者や、育成した素人集団を登用し、書籍や雑誌季刊誌新聞等の発行を行っていた。彼らはラジオ放送も利用しており、ロシアの中波を借りて日本全国に向けた放送を行っていたほか、全世界に対して英語での短波放送も行っていた。また教団は布教アニメの制作も手掛けており、これは〝MAT（マンガアニメチーム）〟が担っていたほか、当時の流行に乗じたパソコン通信も行っていた。

またメディア戦略として、単なる広報のみならず、原典研究チームも存在した。要は過去の文献のオウム流再解読であった。信者の中にはパーリ語を習得している者もおり、仏教の原典をたどる研究も試みられた。オウム真理教は原始仏教から影響を受け、これにヨガを組み合わせたものを、現代技術を用いて効果的に実践、解脱《げだつ》（本能に基づく迷いに心を縛られている状態〔煩悩《ぼんのう》〕

から脱して自由になること）を早めようとしていた。

理工系宗教組織の誕生

豊富な資金を背景に、バブル経済空間とは異なる「高次」の世界を、ダイレクトに、科学的に、原典的に探究、研究できるシステムをもその上辺で構築したことが、理工系を含めた著名大学（東京大学、筑波大学、京都大学、早稲田大学など）の知的若年層が出家信者となった理由であった。様々な最新機器を取り揃え、自作し、全方向メディアを用い、世界展開も視野に入れた。さらに彼らは教祖の脳波を直接自身に取り込むための脳波伝達装置・ヘッドギアをはじめ、様々な発明的ガジェットを提供した。彼らがマントラを唱える際に用いたのは、数珠ではなくカウンターであった。

古賀がまとめたように、彼らの手法は文系理系様々な分野で展開し、ヴァーチャルなリアリティすら率先して実行していた。これが山形の述べた「もう少し進んでいたら」が実際に現実化した、重い実例の一つだったと思う。オウム真理教の特に首脳部の活動は、彼らの内部に胚胎したサイエンティフィックともいえる「最終解脱」を志向していた。ヴァーチャルによる加速と言ってもいい。

擬似国家としての宗教組織

そして彼らの観念と活動は一九九〇年代初頭のバブル経済空間と伴走して肥大化し、「全世界の最終解脱＝ハルマゲドン」へと向けて、現国家権力のみならず、そこでの生活者である私たちにもその矛先を向けた。彼らはさまざまな擬似社会的プロセスを通じて私たちへの「ポア」（良い転生のために殺生を許容すること）を正当化し、さらに「御布施《おふせ》」を奪取しようとした。その手法は雑誌、ラジオ、アニメ、コンピューターネットワークを駆使したメディア攻撃、街角のパソコンショップやラーメン屋によるゲリラ攻撃、そしてレーザー兵器、毒ガス、細菌兵器、プラズマ砲などによる擬似国家間攻撃といったように、現代社会における主要な収奪システムのダイレクトな、そしてもはや誰も笑うことのできないパロディだった。国家は作ることができる、と考えた当時のオウム真理教の幹部たちと筆者は同世代であった。そしてその世代は、二一世紀現在の日本社会の中枢を担うような年齢にすでに達した。この数年、国会答弁に繰り返し登場する同世代の官僚の答弁に、筆者はたまに、一九九五年当時の彼らが獲得してしまったかもしれない作為としての国家観を感じることがある。

5　サティアンにおける建築への軽蔑

サティアンとは何か

サンスクリット語で真理を意味する旧上九一色村の「サティアン」は、オウム真理教団が修行の場として建てたものだ。元建設業出身の幹部に従いつつ、一部の専門的な部分を除いては信者たちが自前で行った。丹沢《たんざわ》や秩父《ちちぶ》で開催されていた集中セミナーへの参加者数が増加したことを受け、自前の道場を建設する必要性が生じたことから始まったのだ。日常から隔離した場所で、集団で修行を行う活動形式は、麻原が既存の宗教を否定し、原始仏教からの再解釈の下、現世・物欲を否定したことにその発端があった。

古賀によれば、特に技術を持たなかった信者は、関連企業に派遣し技術を習得させた後、サティアンの建設活動に従事させたという。サティアン建設にあたった信者の労働時間は実に一日当たり一七〜一八時間にのぼり、サティアンは猛烈なスピードで完成した。このほか井戸の掘削や電力の供給なども基本的に全て自前で行っていたという。

図4－2　静岡県富士宮市の第1サティアンの内部から撮影した富士山　撮影：古賀義章

サティアン、その工場仕様

当時、筆者が上九一色村捜索の様子をTVから眺めていると、サティアン群の壁にうがたれた窓やら通気孔やら通常の理解をこえる大きさのダクトやらの納まりがとても気になってきた。それらは手の痕も荒々しい「毒ガス」阻止用のシーリング（充塡材）で塗りたくられていたのだ。古賀によれば、サティアンは富士の裾野に近く、非常に眺めの良い場所に設置されていたが、後期の信者たちは富士山を見たことがほとんどなかったという。これは当時教団に対して外部からの毒ガス攻撃が行われていると信者たちが知らされ窓が閉め切られていたこと、さらに近い将来ハルマゲドンが起きると麻原が予言していたので、信者には余裕を持って外を見る機会がなかったからだという（図4－2）。

彼らに根づいていたこの閉鎖性は、富士山はおろか、彼らが阻止しようとしている外からの毒ガスが、実は彼らのすぐそば第七サティアンで生産されたものだということを全く見えなくさせ

図4－3　サリンを製造した第7サティアンの外観　撮影：古賀義章

ていた。しかし、外界の毒ガスを防ごうとしたサティアンの窓は、わたしたちの日常と同様に、現代の建築素材が保証した性能水準によってこそ成立していた。このことが建築分野の研究者であった筆者には重要なことに思えた。

というのも、サティアンは当時より性能の向上が著しかったシーリング材のほか、鉄骨や、ALC（軽量気泡コンクリート板）やらカラー鉄板等の通常の建設素材によってマニュアルどおりに構成されていただけだったからである（図4－3）。サティアンを建築物としてみた場合、それは工場の建築仕様の修行場への転用とまとめることができる。特殊用途の場合、鉄骨構造が頑強な作りをしている一方で、屋根、外壁は簡易に取り付けられ、また内部造作も改造しやすい仮設的なものである。このような意味でサティアンは現代の建築技術の一反映物にすぎなかった。

廃棄される建築美

しかしそれがきわめて異様に映ったのは、そこに人が安らぎを得るような（修行中の彼らにとってみれば）「不純さ」が微塵《みじん》もなかったからである。サティアンは解脱のための道具であり、全てがその機能目的に従って建てられた完全な存在だった。多くの宗教施設はたとえば仏教伽藍《がらん》やゴシック教会のように、その教義の高度な完全さを示しそれによって人に帰依をうながすような魅力的な建築意匠や空間性を持っている。しかしサティアンにはそのような建築的意匠を凝らした部分は一切なかった。宗教的体験を、一般社会へと向けて変換させる意志が当初より放棄されていた。サティアンの雰囲気に最も近い存在は、二〇一一年に水素爆発を起こして上部が崩壊した福島第一原子力発電所の「建屋」である。しかし、あの建屋すら周囲との調和をカモフラージュするために水色のパターン模様が塗られていた。

サティアンにはそれすらなかった。人間がつくり、そこで居住するための建物の姿をしていなかった。機能剝き出しの殺伐とした工場ベースに、信者による手作りの生活空間が無造作につくられた。手作りゆえの素朴さよりも建築にこだわること自体をよしとしない投げやりな雰囲気のほうが強くただよっている。解脱しようとする彼らにとっていずれ捨てられるべき身体と、それを収納する器としての建造物は興味の対象外であったとしか思えない。それは無造作な散髪の結

図4-4　山梨県上九一色村第10サティアン内部のジャングルジム（1997年）
撮影：古賀義章

果のようであり、建物は床に残された髪ぐらいの意味しかなかった。この徹底性はおそらくすべての既存宗教のレベルを超えていた。

ダイレクトな解脱だけが求められた

彼らの現代性、つまり迂回した一切のプロセスを嘲笑い、よりスピーディーかつダイレクトに解脱を達成する目的から建築は外されたのだった。先に山形はバブル経済空間における土地と建築の乖離が建築存在の価値低下を生じさせたことを指摘した。それはバブル経済空間の中ではデザインの「自由化」をもたらしもしたが、サティアンでは建築そのものの価値がほぼゼロとなった。建屋でよかったのだ。

では彼らはサティアンでどのように過ご

していたのか。古賀は集団で修行を行う信者たちの日常とその痕跡を活写した写真をいくつか見せてくれた。その中で印象に残ったのは、子どもたちのためにしつらえられた調具である。当時は子どもを連れて出家した女性信者たちも相当数いたため、施設の中で教員免許を持った信者が教育係となったのだ。オウム真理教のもう一つの主要な修行施設であった熊本県旧波野村「シャンバラ精舎」には、多い時には七〇名の児童が、強制捜査時のサティアンには五三名の児童がいたという。

あどけないクレヨンの筆跡、建設中の建築部材を使った遊具に吊るされた古タイヤの巨大さ、工場の中のような室内に自作されたメタリックなジャングルジム（図4－4）、雪の中に放られた説法入りのカセットテープと玩具を写した写真などは、子どもを通して、修行場での人間の生活のあり方を客観的に眺めることができる。

建築への軽蔑

生活と解脱への修行の調整は、ここではなかなか相容れなかったことを強く感じた。サティアンを代表とする教団の修行施設が異様なのは、生活という中間経路を可能な限り省略することで、上九一式村の大地と解脱の技術が直接的にぶつかっていたからである。ここで通常の人間社会を構成していた建築と空間は完全に捨象されたのだった。

建築の歴史から見たサティアンの重要性がこれで明らかになったはずである。それは建築の絶対否定である。いや、そんな力すらもこめられていない。建築行為自体に対するぞんざいな軽蔑であった。

6　考察・流動する戦後空間と人間

少し以前に振り返って、一九九五年の事件へいたる補助線を引いてみたい。九五年から遡ること一〇年前ぐらいから、日本の戦後空間は大きな流動化を迎えたことはすでに指摘した。それでは一九四五年、具体的には五〇年代より本格的に構築が目指された戦後空間の初源、焼け跡の中の民主・自由・平等・平和主義（第一章を参照）はどうなったのだろうか。

戦後空間における人間の役割

筆者は、その残滓はバブル経済空間下で生きる人間の中にこそ存在していたと考える。それぞれの人間には生という慣性がある。その人を継続して生かしてきた感性や思考の蓄積であり、環境の変化ごとにたびたびそれを取り替えることはできないのだ。平均寿命の八〇年をやや超えて継続するその慣性は、新しい環境の出現とは常にどこかずれており、軋轢《あつれき》をも起こす。

日本の戦後空間の変容とは、先の戦後空間の初源がしだいに内外から変形を被っていく過程とそれについての反応である。一九六〇年の第一次安保闘争、七〇年の第二次のそれなどは、そのわかりやすい例である。戦後に生を受けた世代が戦後空間の初源を胚胎しつつ、その時々の変容に対したのである。ここで人間の中に継続した先の戦後空間の初源と一九八〇年代から九〇年代にかけての流動する戦後空間の間に発生した独特な表現の位相について検討してみたい。

「犬に喰われるほど自由」

一九七〇年代はそれまでの政治の季節が終焉し、戦後空間の初源を抱える者たちに敗北感と虚無がもたらされた時代であった。筆者はその頃まだ小学生であったが、実家に数人下宿していた若者たちの雰囲気がガラッと変わり、次第に故郷へと去っていく過程を目の当たりにした。

その直後に、スピリチュアル・ブームが起こった。人類学者カルロス・カスタネダによる、インディアン呪術師ドン・ファンから受けた教えの記録書シリーズ（一九七二〜二〇〇二まで邦訳が続いた）が恒常的に売れ続けた。一部の若者の間ではその本を読むこと自体が通過儀礼でもあった。現実的な政治的闘争からは遠ざかり、現実を超え出ようとする精神世界の探究に舵を切る途《みち》が開いたのだ。その経緯に併せて、アジア、特にインド放浪への憧れが若者の間に定着した。

さらにそのスピリチュアルな潮流をも超えて、政治の季節の終焉後の具体的なバイブルとなったのが、一九四四年生まれの藤原新也による『印度放浪』（朝日新聞社、一九七二）であった。東京芸大絵画科を中退した藤原が、人間の死生、存在について、生死の境を彷徨うかのような光景が続くインド大陸放浪の中、自らの身体と思考を駆使、酷使しながら、根本的に検証し直そうとしたものである。絵筆の代わりにカメラを記録道具としたことが功を奏し、そのヴィヴィッドな現地のカラーとともに写真誌『アサヒグラフ』でまず発表され、後に出版された。藤原の、最小限の道具と共に自分で試し、心酔せず、群れることを嫌い、集団的な政治活動から距離を保ちつづける態度は、一九七〇年代以降の個的実践者のひな形となった。

と、同時に藤原は一九八〇年代のバブルへの助走期から、東京文化の中で独特の光彩を放つ表現者として一世を風靡《ふうび》したことが重要である。彼はほぼ一〇年以上にわたるアジア各地の巡遊後、八〇年代の東京に帰還し、放浪時と同じ手法で東京体験を貫徹した。当時発生した劇的な事件の現場に、まるで空気を読まない旅行者のように訪れ、都市そして郊外の環境に翻弄される人間の内面を探索し、ダイレクトに提示した。それによって浮かび上がる東京の光と闇は、膨張し始めたバブル経済空間の力を活写したのであった。

一九八三年、藤原は著作『メメント・モリ』(情報センター出版局)において、犬に食われるまだ新しい人間の屍《しかばね》の望遠ショットをカラーで公開した。この写真は彼がガンジス川流域のアラバードの火葬場の彼岸で撮影したものだ。藤原は同じ写真を用いて酒造会社の宣伝を皮肉ったパロディのような誌面を当時、一世を風靡した写真情報誌の連載に掲載して、その連載を打ち切られている。その掲載時の写真は白黒であったので、これをカラーで改めて見た時、不覚にも美しいと感じた。その横に白抜きの縦書きで「ニンゲンは犬に食われるほど自由だ」と書いてあった。

バブル経済空間の先端へ

このカラー写真と白抜きキャプションのコントラストは作品としても芳醇《ほうじゅん》であった。というのも、この言葉が、当時のバブル経済直前の膨張した「自由」な人間と、しかしその必然的な行先である死双方を冷徹、そして華麗に映し出していたからだ、と今になって思う。

藤原のインド放浪の成果を用いた国内での妖しくセンセーショナルな発表は、バブルに向かう上昇する経済力を使って、人々の死生観を問う位置を持ったという意味で抜きん出ていた。藤原の活動は、二まわり年下の筆者も含め、その後の世代の一部に深い影響を与えた。先にも述べたように、筆者がオウム神仙の会のインドへの傾倒を示すページをその二年後に見た時にも、藤原からの影響をわずかに感じたのだった。オウムが経済力と影響力を発揮していくなかで、その騒動に巻き込まれた幾人かの宗教文化人が発生したが、藤原は彼のスタンスからして無傷であった。しかし藤原の中ではオウム真理教の発生は、自らの著作との関連抜きには考えられなかったから、彼は彼なりの方法でオウム真理教を確認しようとした。

藤原によるオウム真理教への見解

事件直後の一九九五年七月から翌年五月にかけて、藤原は男性週刊誌上で「世紀末航海録」を連載した。その連載では随所にオウム真理教についてのコメントやその属性についての類似例の提示があったものの、その本格的な考察に至ることなく休載してしまった。そしてその約一〇年後、麻原（本名：松本）の長兄の死後の二〇〇六年、その長兄からの聞き取りを初めて含む大幅な増補版として単行本化された（『黄泉の犬』文藝春秋）。その内容はオウム真理教の出自について戦後史の観点からも重要なミッシング・リンク（松本の生地と水俣）を指摘しているが、ここでは割愛する。

さて長兄への取材内容を一切書くことを許可されなかった連載当時の藤原には相当な葛藤があったと推察する。そのなかでの連載最終話「地獄基調音」は、バブル・震災・オウム真理教がなした空間下の人間を抽象的であるが、彼の体験に託して鮮やかに活写している。

地獄基調音・一九九五年の空間の上限で

それは、ラダックの安宿で同居していた日本人Yが精神錯乱を起こした時の回想である。Yは高地地帯の山中に迷い込んでいってしまったのだ。

彼は学生運動の挫折後、同地でチベット仏教の修行の真似事をしていたのだ。その過程で自分の精神がもたなくなってしまったのだ。藤原は彼を救出しに向かった。

Yを追いながら入り込むその高地は絶対的な空間である。ラダックがあるチャンタン高原を含むチベット周辺には筆者もその後訪れたが、多くの植物、そして低地の有機物の生育限界を超えている。そのためにそこの大地は混じり合うことのない清冽《せいれつ》さで人間に対峙する。純水は多量に

図4－5　「地獄基調音」挿入写真　撮影・提供：藤原新也

摂取すると、その純粋ゆえに人間の内臓を溶かしはじめるといわれるが、そんな大地である。さらにそれに対応する空は青を通り越しその背景に深黒があることがはっきりとわかる。その黒さはもし重力感覚が崩れれば今にも宇宙の奈落に落ち込んでいくかのようだ。その光景はバブル経済空間の狂騒の後に残った、荒涼とした大地とどこに行くともしれない上空を映し出している。筆者が提示したバブル・震災・オウム真理教によって形作られた空間のもっとも純粋な空間像とも感じられる（図4－5）。

さて、周囲の気温の急低下によって行方不明の彼の命の危険を感じ、足を早めた夕暮れ時、藤原はその高原を全裸で進もうとするYとようやく対峙した。彼はその空間の上辺を目指そうとする過程で彼の全ての衣服を剝ぎ取ってしまっていたのだ。帰順を促した藤原に、Yは思いがけない態度をとった。

彼は藤原に向かって「カエレ」を連呼した。それは明らかに彼が学生運動をしていた時のシュプレヒコールの残滓であった。それは本稿の視点からまとめれば、焼け跡の戦後の初源を抱え込んだ者が落ち込んだ、出口なしからの叫びとでもいうべきものだ。実力での行使もやむなしと藤原が考えはじめたその時、彼らの掛け合いを一瞬で醒ますような、けたたましい波動音が上空を駆けた。

彼らの背後にあったゴンパ（チベット寺院）で僧侶たちが晩の声明を捧げはじめたのだ。波動音はその祈りに伴奏した大乗の笛から吹き上がったものだった。

俗塵の衣服としての日常

その音によって正気に戻ったYの足元に、藤原はそっと衣服を投げた。俗塵《ぞくじん》の衣服を纏《まと》った彼は、ありきたりな旅行者の姿にもどった。俗塵の衣服とはオウムの信者たちが切り捨てた日常のことである。それは絶対下辺、絶対上辺ではないその中庸の空間に彼が戻ったことを意味していた。藤原は以前に出会った高僧の言葉を引いて物語を終える。

「物質を過信することも心を過信することも、物質を軽んずることも、心を軽んずることもあってはならないのだ。世界というものはそのように精神と物質の微妙な均衡の上に成り立っている。」

現在は過去からの雑多な事物の連鎖によってこそかろうじて保たれている。日常の中に仏を探さなければならない。そこでようやく生活と建築がもどってくるのだ。

7　世田谷村の屋上から

石山修武とは誰か

先の関連するシンポジウムではコメンテーターとして建築家の石山修武が参加した。一九九五年の出来事、特にサティアンの建築の歴史的重要性に当時最も強く反応した建築家という記憶があったからである。本稿を書くにつれ、石山の当時の建築界での役割が、藤原が同時期に文字・写真メディアで果たしていた役割と相似していたことに気がついた。

石山は藤原と同じ一九四四年生まれ、七四年にはインド体験をしている。七〇年代初期から石山は、官僚的、あるいは芸術的として特別視されようとするこれまでの建築家のあり方いずれにも強烈な疑問を投じた。建築家の外から建築を自律的に作ることを試みた、次代の建築家であった。石山は、建築をまず社会によって作られた部品の特殊な構成品として捉えた。彼は、それまで建築用部材としては捉えられていなかった、異業種もしくは生産のより上流の一般化していな

図4－6　開拓者の家外観　撮影：筆者

図4－7　唐桑臨海劇場を囲む大漁旗と海上のインスタレーション「海のはな」（1988年）　出典：石山修武『建築がみる夢』講談社

いパーツを積極的に用いた。建築企業の価値の独占をすり抜ける道を開発しようとしたからであり、逆にセコンドハンド（中古部品）も積極的に用いた。その意味で彼は社会派であったが、同時に単独的な芸術性を持ち併せていた。それら部品の構成方法はマニュアルで決められてしまったものではなく、突発的、発見的なオープンソースとしてとらえられたのだ。それゆえ石山の建築におけるそれぞれの部品は従来の使い方を離れ、まったく異なる建築パーツとして変身、ブリコラージュ（転用）されるのだった。

その中期までの代表作として、石山が設計図を手紙のように描き、施主が技術資格を取りつつ一〇年の歳月をかけ完成させた「開拓者の家」（一九七五〜八六）（図4-6）や、宮城県の一漁師町の各家に眠る大漁旗八八枚を縫い合わせた背景をステージとしたかつお節工場廃墟を利用した劇場「唐桑《からくわ》臨海劇場」（一九八八〜九三）が挙げられる（図4-7）。

バブル空間における石山修武の活動の位置づけ

バブル経済は彼のような周縁的建築家にも活躍の場を与え、さらに当時の建築メディアは彼に、その後の建築を探る表現者像を見て重要視した。その経緯もまた藤原のメディア上の立場に酷似していたとも言える。そんな建築設計のエッジで生きてきた石山が一九九五年当時、建築をおしげもなく切り捨てたサティアンを見て衝撃を受けたのは当然であった。

石山は、自身がサティアンに非常に関心を持ったのは、「建築の不可能性」、つまりは当時の一般的な建築表現の無効宣言をそこに聴いたからだと述べた。急に建築の外側から投げつけられたインパクトによって、たとえば彼はホモセクシュアルのカップルのための「ドラキュラの家」（一九九五）と名づけた住宅を設計した。工業製品を用いた閉鎖性を持ちつつ従来の箱型ではない外観が印象的な作品だ。それは端的に言えば歪んだサティアンであり、その歪みの中にわずかに空間表現が生まれていた。この家は、新しい家族像や、サティアンのフォローという意味では確かに最先端であったが、やはり石山の中の表現と無表現との葛藤の中に落とし込められた作品になってしまった点は否めなかった。

世田谷村の屋上から

しかしその二年後、二〇世紀末にあって新たな出口が検討されはじめた。一九九七年、彼がのちに世田谷村と名づけた自邸作りが始まったのだ。すでにあった約五〇坪の自宅に住みながらその上空に新しい家を掛け渡すように工事が始まった。従来の家の上空を飛ぶ三枚の新しい建築用の床は彼が宮城で知り合った造船工場に依頼して作った。そのため遠くから見るとこの家は、世田谷の住宅街に浮かぶ箱舟にみえる（図4－8）。

とはいえ、この家は閉じていない。木造の伝統工法からひいては現代農業のビニールハウス技術、ひいては教育者だった石山の研究室学生によるセルフデザインとセルフメイクの部分を混在させている。屋上庭園に向かうハッチはキャンピングカーの屋根を転用している。部屋の断熱に

図4－8　石山修武設計・世田谷村（自邸）からの周囲の眺め　撮影：筆者

は潜水服の生地が使われている。横から眺める姿は船というよりも、ルーズな飛行船という感じでユーモラスである。骨格を支える鉄のブレースが外壁全体にリズミカルに張り渡されている。それは筋交の一種だが引っ張り力で支えるため細い線材なのだ。そのブレースを固定するジョイントがカルダーの彫刻のように空に漂っている。ソーラー・セルが外に面した欄間《らんま》部分に仕込まれている。

この家はおおむね二一世紀初頭には現在の姿に落ち着いたが進行形の建築である。筆者がこの建築を訪れた時、庭はより一層と繁り、家がパプア・ニューギニアのツリー・ハウスのように浮いて見えた。

恢復《かいふく》という言葉がある。これは単なる回復ではなく、たとえば主枝を切り取られた木がその樹形を変えてもさらに生長していく不可逆的な新しい過程を含んでいる。その意味で、世田谷村はサティアンの衝撃を受けた後の、恢復期の家だと感じた。サティアンのように製作者によるセルフメイクも含めながら、その家はサティアンでは軽蔑されたであろう《作られること》をまったく拒否していない。さまざまな部分が、作った人々の動きをトレースした痕跡としての形を残している。それが俗塵の衣服としての建築の姿だった。

二一世紀以降の一部の建築はここから恢復したとのちに言われることになるだろう。屋上に登った。サティアンでは見えなかったはずの富士山が、ここからはよく見えた。

第五章

賠償・援助・振興
——戦後アジアにおける日本建築の広がり、およびそれを後押ししたもの

市川紘司

講和条約とアジアでの建設事業

本稿における筆者の問題関心はふたつある。

第一に、戦後日本の建築を周辺一帯の東~東南アジアという広がりのなかで考えてみたい、ということ。日本の建築家や建築企業（ゼネコンなど）の活動の主軸は当然ながら日本国の内側に置かれるが、しばしば国境を越え、海外にも展開される。グローバリズムの加速した二〇世紀後半以降はなおさらである。他方で、こうした日本建築の海外展開は、日本の近現代建築史研究や建築論壇において主題化されることは多くはない。後述するように、とりわけアジアについては、地理的に近接しながらも、戦後しばらく研究や批評の視角からは外される状況にあった。

第二に、建築の歴史を著名な建築家や建築作品へとフォーカスを絞りきらない仕方で考えてみたい、ということ。換言すれば、様式やイズムの変遷をたどったり、建築家の師弟関係や学閥を軸とした系譜図をたどったりする仕方ではなく、政策や経済状況、国際関係といった外的要因に右往左往されながら生み出される事物として、建築とその歴史を考えてみたい、ということである。そのためには必然的に、建築を、土木工事などを含む広範な「建設」のサブセットと見なす視点が要請されるだろう。

以上の問題関心にもとづくかたちで、本稿では「賠償・援助・振興」という三つのキイワードを掲げている。それぞれ意味するのは、「戦後賠償」、「政府開発援助（ＯＤＡ）」、「沖縄振興開発」である。

戦後日本が独立を回復したのはサンフランシスコ講和条約の締結された一九五二年のことである。この講和条約では、先の戦争で日本が損害を与えたアジアを中心とする周辺諸地域への賠償規定も設けられている。これにもとづき実施されたのがいわゆる戦後賠償である。後述するとおり、冷戦時代を迎えたことを背景に日本の速やかな経済復興が求められた結果、この賠償は金銭ではなく役務で支払われることになり、さらに「事業」化したことで、民間企業がアジアに経済進出する際の足がかりの役割を果たしていく。

賠償事業は一九六〇年代にはおおむね完了するが、その事業化の仕組みを継承するかたちでボリュームを増したのが政府開発援助（ＯＤＡ）である。冷戦期アジアにおいて、米国は共産主義の蔓延を防ぐべく軍事的・経済的な援助活動を展開することになったが、日本はその「ジュニア・パートナー」として、旺盛な経済援助を展開した。日本のＯＤＡ拠出額は六〇年代以降、増加の一途をたどり、九〇年代には世界一のボリュームとなっているのだが、その最大の援助先はアジア（とくにインドネシアと中国）であった。

講和条約はまた、奄美・沖縄諸島を日本から行政分離し、米国施政下に置くことを定めている。こうして日本国から分離された沖縄は、米国の対アジア軍事拠点として軍基地が集中的に建設されるとともに、コンクリート建築の急増に象徴される、本土とは異なる独自の戦後建築カルチャーを形成した。そして一九七二年に本土復帰を果たすと、経済格差を是正すべく、日本政府は沖縄振興開発計画を策定する。こうしてはじまった沖縄への振興開発は半世紀後の現在にまで続く。他方で基地問題はなお未解決のまま温存されている。

「賠償・援助・振興」という本稿の三つのキイワードを概説すれば以上のようになる。それらは冷戦構造下の一九五二年の講和条約で日本国が独立する際に課せられた条件であったと言えよう。敗戦以前に加害したアジア諸地域に「賠償」し、（軍事的にではなく）経済的に自由主義陣営を「援助」すること。沖縄を手放して米国に軍事拠点を提供し、復帰後にもその体制を維持安定すべく経済的に「振興」すること。これをさらに主要地域別そして年代順に換言すればこうなるはずだ。「賠償」はおもに東南アジアを対象として一九五〇～六〇年代に実施された。「援助」は六〇年代以降活発化し、東アジアの中国や韓国が加わった。そして「振興」は、七二年には本土復帰した沖縄を対象とする。

こうした「賠償・援助・振興」をつうじて、戦後日本はアジアそして国際社会へと復帰したのである。その流れは日本本州から距離の遠い順であった。

本稿でおもに検討したいのは、では、こうした戦後日本の「賠償・援助・振興」プログラムにおいて、建築を含む建設事業はどのように存在していたか、という点である。実際のところ、アジア諸地域で実施された戦後賠償、ＯＤＡ、沖縄振興開発では、少なくない建築やインフラが「建設」されている。それらの実施プロセスや内容を論じることで、本稿を冒頭述べた筆者の問題関心のケーススタディとしたいのである。本稿以下では、まず戦後日本の言説空間や建築論壇における「アジア」の位置づけを確認し（第一節）、そして「賠償・援助・振興」として実施された建設工事を考えていく（第二・三節）。

本書掲載のほかの論文と同様、本稿もまた、戦後空間WGが主催した「戦後空間シンポジウム」で得られた知見を踏まえて書かれたものである。二〇二〇年一〇月一七日に開催された戦後空間シンポジウム05「賠償・援助・振興――戦後空間のアジア」（以下、シンポジウム05）は、コロナ禍真っ只中であったため、オンラインで開催された。国際政治学の宮城《みやぎ》大蔵《たいぞう》、建築史の谷川《たにがわ》竜一《りゅういち》、曺賢禎《チョヒョンゾン》、小倉暢之《おぐらのぶゆき》の四氏に研究報告をいただいたうえで、日本とアジアとの建築交流に広く携わった尾島俊雄《おじまとしお》にコメントをいただき、さらに建築史の林憲吾《はやしけんご》にレビューを寄稿いただいた（敬称略）。これらシンポジウム05の報告・討議記録およびレビューはいずれも戦後空間ウェブサイトで公開されており、本稿においても適宜引用する。

1　捨象されたアジア

帝国から島国へ

戦後日本の建築をアジアという地域的な広がりのなかで捉え直すこと。本稿の趣旨をそのように述べたが、そもそもこのような課題設定自体が「戦後的なもの」だとも言えよう。

言うまでもなく、古来日本の建築文化は中華文明との影響関係のもとで形成されてきた。逆に近代になると、日本はアジアで先んじて近代化を果たしたことで、西洋近代由来の建築・都市計画の思想や技術を周辺地域へと伝播させる。それだけでなく、日清戦争と日露戦争を経て、日本はその帝国の版図をアジアに広げていく。台湾や朝鮮半島には植民地が、あるいは中国東北地方には傀儡《かいらい》国家としての満州国が設置された。こうして東アジアに構築された帝国のなかで、日本の建築家や建築企業はネットワークを築き、文字どおり海をまたいで活動した（西澤二〇〇九）。

しかし戦後、近代および近代以前において緊密な関係性にあったアジアは、日本の文化や言論において捨象されることになる。一九四五年の敗戦を経て、日本は海の向こうに支配地を持つ「帝国」ではなく、四つの島々から構成される小さな「島国」となった。

合わせて自己イメージも転換する。弥生時代の登呂《とろ》遺跡の発掘調査への注目に象徴されるように、（アクティヴな狩猟民族ではなく）平和主義の農耕民族と位置づける。あるいは帝国支配地の原住民をも包摂する多民族主義は放棄され、ピュアな「単一民族」として日本民族を見なす。そうした視点が普遍化する。そして文化的にも政治的にも、自由主義陣営の欧米とくに米国との結びつきを強めた。かつてアジアに自らを中心とする新秩序（大東亜共栄圏）を構築しようとした日本は、米国のジュニア・パートナーとして経済成長に邁進する。

批評家の柄谷行人《からたにこうじん》は、昭和期の終わる一九八九年、戦後日本の言説空間を左のように図式化した（図5－1）。横軸を「西洋―アジア」、縦軸を「国権―民権」にとった四象限であるが、柄谷によれば、戦後日本の言説空間はこの座標の左半分、すなわちアジアに関わる部分（「帝国主義」と「アジア主義」）を捨象した領域に存立している、というのだ。「戦後の〝空間〟は、いわば「アジア」を切り捨てた領域、つまり座標の右半分である。侵略であれ、解放であれ、「アジアに手を出すな」という禁止が、言説空間を支配している」（柄谷一九九五）。

「アジアに手を出すな」。よく知られるように、敗戦以前の日本のアジア観において、アジアを欧米列強の侵略から「解放」することと、そのための新たな秩序を日本が盟主として築くこと――すなわち「侵略」することとは、コインの表裏のように併存し得た。「帝国主義＝侵略」と「アジア主義＝解放」の分かちがたさ。中国文学者の竹内好《たけうちよしみ》はそれを「戦争の二重性格」と表現した。それゆえ一九四五年の敗戦は、日本からアジアを語り、関与することを根底から困難にした。どのような語りや関与も、たとえそれが解放や援助や連帯といったポジティブな姿勢によるものだとしても、結果としての侵略に結びつく可能性が拭えないことを、一

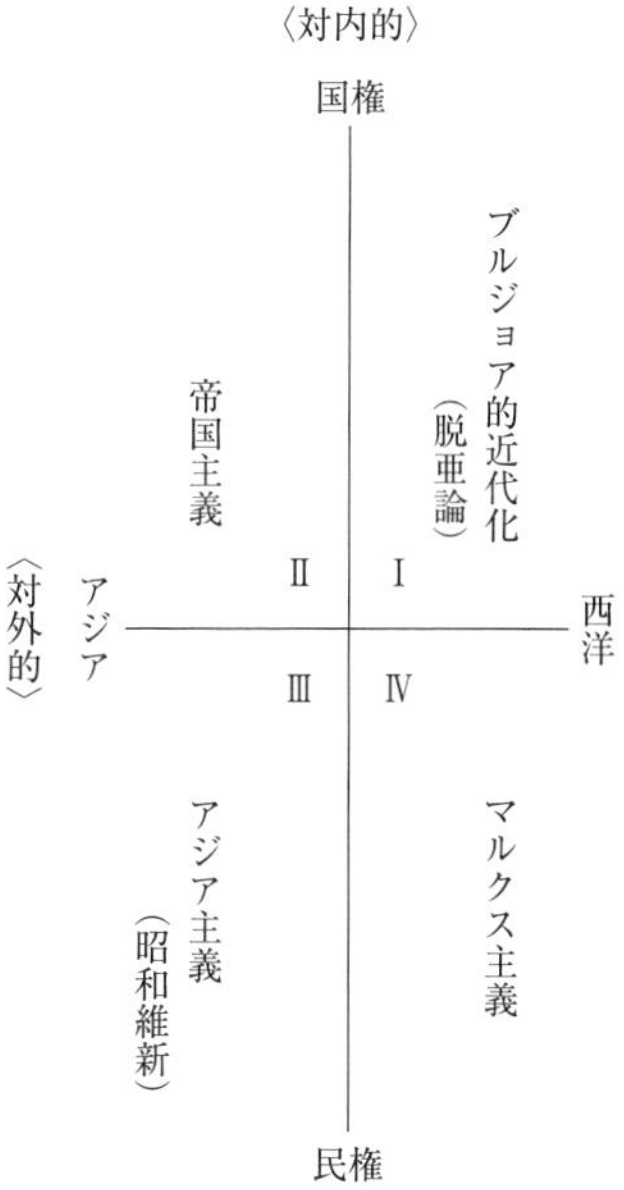

図5－1　戦後日本の言説空間（柄谷行人）　出典：柄谷1995をもとに作成

九四五年以前の記憶が示しているからだ。

「タブー」としてのアジア――戦後建築論壇の意識

戦後建築論研究の先鞭をつけた布野修司もまた同様のことを言っている。戦後日本の建築論壇では「建築家の「アジア」に触れる言説は皆無に近い」と言い、アジアは「ネガティブなタブー」であったと指摘する（布野一九九八）。また、布野は一九七〇年代より先駆的にインドネシアなど東南アジアでのフィールド調査をおこなった建築計画学者だが、その際には年長の学者たちを中心に「言うに言われぬプレッシャー」、あるいは「なぜ、わざわざアジアに出ていくのか」と「直接詰問」を受けたという。それほど当時には、日本の建築学者がアジアに出ること、そしてアジアを語ることへの忌避感があったわけである。

布野の指摘するとおり、一九七〇年代以前の建築メディアにおいてアジアの建築・都市が主題化されることは、日本から自由な海外渡航ができない時代でもあり、きわめて稀であった。戦後日本の建築界が関心を寄せるような真新しい建築が東〜東南アジアにまだ少なかったことも大きいだろう。例外として挙げられるのは、中国共産党が成立させた中華人民共和国だ。マルクス主義が支配的な当時（とくに一九五〇年代）の建築ジャーナリズムにとって、社会主義リアリズムの新様式や人民公社の試みなど、社会主義中国の建築と都市に興味が引かれるのは当然であった。だが、日中両国のあいだには国交がなかったために、同時代的に取り上げられることは非常に少なかったと言わざるを得ない。中国建築学会の招待を受けて訪中した西山夘三の旅行録（「新中国を旅して」『建築雑誌』一九六一年九月号）など、いくつかの記事が限定的にあるのみだ。『新建築』が一九六三年一月号で組んだアジア特集号（「東南アジア・中近東の建築」）は同誌としては戦後初の試みであり、日本の建築論壇でも希少な例と言える。戦後賠償事業としてジャカルタに建設されたホテル・インドネシア（後述する）、あるいはフィリピンやインドの建築家による現代建築が取り上げられているのだが、こちらでは逆に、建築史家・神代雄一郎《こうじろゆういちろう》が巻頭論文で「遺憾の念」を表しながら指摘するとおり、国交のない新中国などの共産圏がフォーカスからは外されてしまっている。冷戦構造の時代の日本の建築論壇において、アジアは十分には語られない状況がしばらく続いていた。

日本近代建築史研究において「植民地建築」が長いあいだ手つかずのままであったことは、「ネガティブなタブー」としてアジアがあったことをよく示すだろう。西澤泰彦《にしざわやすひこ》は日本植民地建築史研究の第一人者だが、彼が研究を本格的に開始したのは一九八〇年代のことだ。主著『日本植民地建築論』（二〇〇八）では、一九九〇年代初頭に編纂された『岩波講座 近代日本と植民地』（全八巻、岩波書店）を「当時の植民地研究の集大成」と評価しつつ、「建築を主題とした論文は皆無であった」ことが指摘されている。事程左様に、日本帝国が海の向こうの植民地（支配地）で建設した建築、あるいはそこで自由に繰り広げられた建築家や企業の設計・生産活動は、戦後しばらく建築史研究の視角からは外れていた。

戦争を体験した世代の建築家である磯崎新《いそざきあらた》（一九三一年生まれ）は、一九九〇年代なかばのあるシンポジウム上で、よりストレートにアジアに対峙することの難しさを語ったことがある。「ともかくアジアっていうふうなことを言っちゃあいけないというだけじゃなくて、もう一切触れたくない、という気分は非常に明快にありました」。そして「日本が侵略をしたという原罪を自分がどうやって償う可能性を持っているか」を考えないかぎり、アジアで建築家として仕事をするのは困難であると言った（磯崎・原・布野一九九五）。「戦争の二重性格」への警戒がはっきりと読み取れるだろう。アジアに対する「タブー」の意識をストレートに告白した磯崎は、一九七〇年代以降国際的に活躍する一方、じつは東～東南アジアでのプロジェクトがかなり少ない。

唯一の例外が中国であった。北京、上海、深圳《シンセン》など、主要大都市でスケールの大きな文化施設を多数手がけている。磯崎が本格的に中国と付き合いはじめたのは、ユートピア的な海上都市構想「海市」、あるいは中国国家歌劇院（北京）と深圳文化中心の国際コンペに参加した一九九〇年代なかば以降である。つまり、さきの発言のあったシンポジウムの直後であった。磯崎自身の中国の伝統的文人文化への関心も当然あっただろうが、市場開放政策のもとで急成長する中国市場に否応なく巻き込まれていった側面もあるはずだ。

交流の活性化――一九八〇年代以降

戦後日本の建築界において、東～東南アジアの建築や都市への関心が高まったのは、ようやく一九八〇年代なかば以降のことだと言ってよい。

シンポジウム05にコメンテーターとして参加した建築環境学者の尾島俊雄が、日本建築学会が創立百周年を迎えた一九八六年に主導して開催した「アジアの建築交流国際シンポジウム」（ISAIA）は、そうした状況を象徴するイベントだ。その趣旨は、「欧米一辺倒」であった建築界および建築メディアに対する反省、そして「いま一度周辺の東～東南アジアに目を向け、積極的に交流を図ること」と位置づけられている。アジアから一〇〇名を超える専門家を日本に招き、東京や福岡などの複数都市で大規模な交流イベントがおこなわれた。日本の一九八〇年代は「国際化」が大いに叫ばれた時代である。中曽根内閣によるアジアをメインターゲットとした「留学生十万人計画」も立ち上がっていた。

以後、経済成長とともに興味深い変化と成熟を見せはじめたアジア諸地域の建築や都市が、日本の建築メディアのなかでさまざまに取り上げられるようになる。枚挙に暇がないので専門誌の主要な特集だけ列挙してみよう。日本建築学会の学会誌『建築雑誌』は、第一線で活躍する編集委員によって毎号ユニークな特集が組まれることで知られるが、アジアを題材としたもので言えば、一九八八年九月号では「アジアの建築」、一九九四年一二月号では「オルタナティブ・モダン――アジアの拠点としての九州の役割」、一九九八年一月号では「アジアの風水・日本の家相」といった特集が見られる。あるいは民間の建築専門誌である『建築文化』や『SD』においても、台湾特集（『SD』一九九四年二月号）、香港特集（『SD』一九九二年三月号、一九九七年七月号）、東南アジア特集（『建築文化』一九九四年一〇月号）などが組まれている。

二〇〇〇年代に入ると、中華人民共和国への関心が一挙に高まる。北京オリンピックと上海万博を控えて、中国では外国人建築家によるアイコニックな巨大建築や都市開発が続いた。専門誌でいえば、市場経済への本格参入によってドラスティックに変容する中国の都市・建築事情をまとめた『建築文化』二〇〇四年一〇月号の特集「アメイジング・チャイナ（仰天的中国）」、あるいは市場開放した中国への続々進出する日本の建築家と企業による中国プロジェクトのみを集中的に取り上げた『JA』五五号（二〇〇四）の特集「中国に建つ日本人建築家の作品」などが代表的なものとして挙げられる。

2 「賠償」としての建設

言説空間の外側――ゼネコンの海外工事

ところで、前節で引用した柄谷行人の文章には続きがある。それは「実際には、戦前以上の経済的支配に至っているにもかかわらず、〝意識〟においてはそうなのだ」というものだ。知識人が形成する戦後の「言説空間」ではたしかにアジアは捨象されてきた。しかし「経済」という実体的な関係においては決してそうではない、という。

戦後日本とアジアとの経済関係が、柄谷が「戦前以上の経済的支配」と指摘するほどの強さと規模を備えていたかは微妙だが、少なくとも、知識人の「意識」とそれが構成する「言説空間」ほどには捨象などされていなかった、というのは事実だろう。

焦土となった国土から再スタートした戦後日本は、世界銀行からの援助を受けながら復興期を過ごすが、朝鮮戦争の勃発などの国際情勢を背景に経済成長に邁進し、いずれ「ジャパン・アズ・ナンバーワン」などと表現されるアジアで突出した経済大国となる。その過程で、「事業」化した戦後賠償を契機として、民間企業はアジアへの経済（再）進出を果たした。また、被援助国であった戦後復興期から経済成長を遂げたのちには援助ドナー国側にまわり、アジア諸地域で円借款や開発援助といったＯＤＡ（政府開発援助）事業を積極的に実施していく。

しばしば指摘されるように、日本の賠償事業やＯＤＡ事業は、援助対象国の実情に必ずしも沿ったものではない。「賠償」や「援助」をお題目として掲げながらも、他方では日本側の商社や企業の利益を優先するかたちで実施された。

ここに見出されるのは、「解放」と「侵略」が表裏一体となった「戦争の二重性格」の相似形だろう。柄谷が「経済的支配」と呼んだのはこうした状況を踏まえてのことであった。実際、日本企業のアジア進出が顕著になる一九七〇年代は、日本企業や政治家が来訪すれば反対デモが起こるなど、警戒感の高まる時代だった。

具体的に建設業を参照してみたい。複数の大手ゼネコンの社史を海外プロジェクトに注目しながら見比べてみると、そこには明確に相似形の物語が記されていることが分かる。戦前には植民地建設のため、海を超えて企業活動が旺盛に展開された。こうした海外展開は日本の敗戦により中断した。しかし独立の回復した一九五〇年代には、賠償工事を端緒として海外展開が再開され、六〇年代には「商業ベース」へと移行していく。そのような物語だ。

こうしたゼネコン海外事業の戦後史において、アジア（とくに初期は東南アジア）は重要なフィールドとして位置づけられた。一九五〇〜六〇年代、海外展開はまだ端緒についたばかりであり、そのボリュームは全体として未だ大きなものではなかったが、メインが賠償事業であったため、賠償先であったアジアの比率は事業全体の七〇パーセントを超えた。そして、建設業界の海外事業の窓口である海外建設協会（一九五五年設立）の統計によれば、一九七〇年代に入ったあたりで急速に受注額が増える（図5－2）。一九七二年の受注額は五三三億円だが、一九八二年の数値は九二一六億円。一七倍以上に膨らんでいる。日本の建設業全体に占める割合としては五パーセント前後と横ばいであるため（我が国建設業の海外展開戦略研究会二〇〇六）、日本の経済成長に合わせて海外事業も成長していったことが分かる。この間もアジアはオイルマネーで潤う中東とならぶ重要フィールドであり、各年の四〇〜六〇パーセントを占め続けた。

前節で述べたのは、戦後日本の建築論壇において捨象されていたアジアが、おおむね一九八〇年代以降に建築史研究や建築メディアの主題として浮上してくるという、よく知られた歴史であ

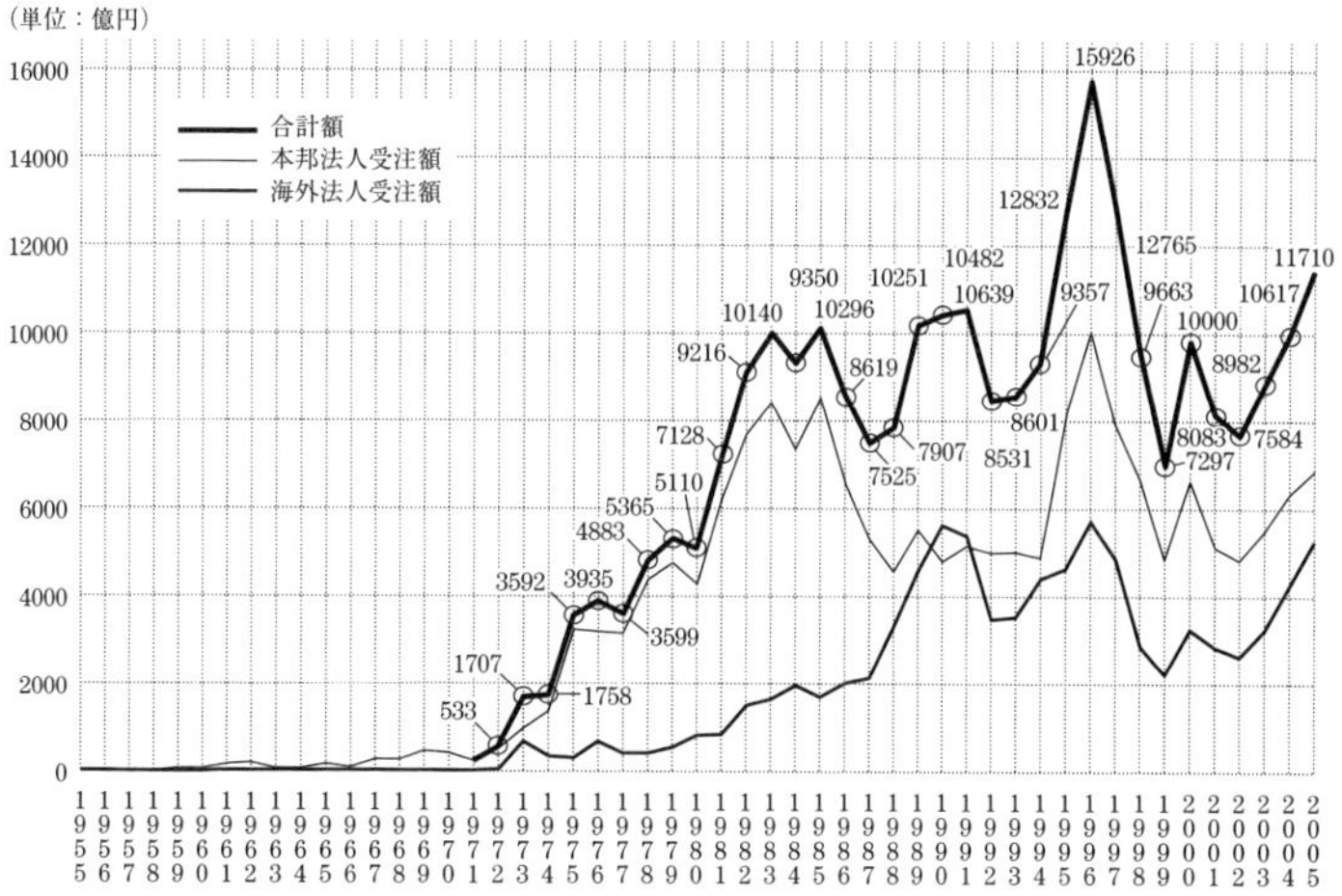

図 5－2　日本建設業における海外工事の受注額　1955～2005 年　出典：海外建設協会事務局編 2007をもとに作成

る。しかし本稿で注目したいのは、そのような「論壇＝言説空間」上のことではない。その外側、すなわちスター建築家やその建築作品を主体とすることでしばしば取りこぼされてきた、実体的な建設活動のほうである。そうしてみると、建築メディアやアカデミックな研究においてアジアが対象化されていなかった頃より、アジアはすでに戦後日本との関係性を取り結んできたことが分かる。

「橋頭堡」としての役務賠償

戦後日本の企業が東南アジアへと経済進出していく足がかりとなったのは賠償事業であった。サンフランシスコ講和条約では、日本の独立が回復されるとともに、戦時下で日本による占領や損害を被むった「連合国」の賠償請求権が定められた。戦後日本と東南アジア（とくにインドネシア）の国際関係を専門とする政治学者の宮城大蔵は、シンポジウム05において、日本の戦後賠償の特徴として、「金銭賠償」ではなく「役務賠償」、つまり技術や労働の提供による賠償となったこと、そして役務概念が拡張されて「事業」化されたことを指摘している。こうして、たとえば、日本の建築企業がダムや工場、ホテルなどを当地で建設することもまた「役務賠償」と捉えられるようになった。金銭賠償が避けられたのは、冷戦構造が形成されるなかで、日本が素早く経済復興を果たし、共産主義の防波堤になることを英米が期待したためだ。

　事業化した戦後賠償は、結果として、日本企業が一九四五年の敗戦によって一度途絶えた東南アジアへの経済進出を後押しすることになる。私企業からすれば、日本国外でのプロジェクトとなれば、施行プロセスから報酬の支払いまで、さまざまな不安がつきまとう。人のコネクションもない。しかし賠償事業のクライアントは日本政府であるから、その点では安心して工事を受注することができた。それを契機にして当該地の状況を理解し、信頼関係を築くこともできる。そうして次の仕事にもつながる。このような賠償事業の果たした役割を、宮城は「橋頭堡《きょうとうほ》」と表現する。賠償事業を起点にすることで、戦後日本の私企業はアジアで経済活動を始めたのだ。

「結果として」と書いたが、日本政府はこうした戦後賠償の「橋頭堡」化に無自覚であったわけではなく、むしろ明確に意図していた。宮城がシンポジウム05で紹介した、賠償交渉を所管した通産省担当者の以下のコメントは、そうした意図が赤裸々に吐露されていよう。「東南アジアという日本にとっての経済的処女地には、排外的ナショナリズムや日本の侵略に対する疑惑の念といった強風が吹き荒んでいる。そのなかに安全に乗り込むには、賠償という大義名分と結びつけるより以上の良策はないではないか」。日本の戦後賠償は「賠償」という本義からは外れ、プラクティカルな経済的機能を担う「事業」としても見立てられていたのだ。

ケーススタディ：鹿島建設の場合

ふたたび、具体的に建設業を参照してみたい。戦後日本の建設業にとって、賠償事業はどのような役目を果たしたのだろうか。

試みに、ゼネコン最大手の一社、鹿島建設の社史（『鹿島建設百三十年史』『鹿島建設社史――一九七〇年～二〇〇〇年』など）を紐解いてみよう。鹿島建設の「戦後初の海外工事」として紹介されるのは、一九四八年に独立したビルマ（現ミャンマー）で一九六〇年に完成した、バルーチャン第二水力発電所（図5－3）だ。戦前植民地の朝鮮半島で大規模ダムの建設に従事し、戦後には建設コンサルタント会社の日本工営を設立した久保田豊《くぼたゆたか》の主導した、もともとは商業ベースのプロジェクトであったが、講和条約以後に日本とビルマのあいだで賠償協定が成立したことを受け、役務賠償としての位置づけに変化したものである。

バルーチャン第二水力発電所は、戦後日本の賠償事業としての土木工事の第一号という点で画期的なプロジェクトであった。それゆえ『鹿島建設百三十年史』では、熱を込めてこのように紹介される。「戦後における日本建設技術の海外初進出を意味」し、「両当事国の友好親善関係を表

図5－3　バルーチャン第二水力発電所　提供：鹿島建設株式会社

徴する一大モニュメントとして永く記録されることになった」。そして、アジアあるいはアフリカといった「低開発地域への経済技術援助は、自由陣営であると共産陣営であるとを問わず、共通の大きな政策的課題」となっている国際情勢において、「経済復興を終えたわが国としても孤立することなく、将来の発展を期するためには、東南アジアの低開発諸国経済開発に協力することはきわめて緊要事といわねばならなかったと、その意義を強調する。

バルーチャン第二水力発電所とならんで鹿島建設の一九五〇年代の最初期の海外工事として紹介されるのは、インドネシアのネヤマ排水トンネル、シンガポールの丸善東洋オイル製油所、南ベトナムのダニム・ダムなどである。いずれも東南アジアのプロジェクトであり、このうちネヤマトンネルとダニム・ダムがやはり賠償工事であった。シンガポールのオイル製油所は商業ベースのものだが、外国業者の施工請負が制限されるなか、バルーチャン・プロジェクトの経験を生かした方式で実施されたという。早くも賠償事業の経験が「橋頭堡」として機能したわけである。

鹿島建設社史の叙述は（「社史」というフォーマットにしたがって）年代ごとに進められていくのだが、一九七〇年代以降の章では、いずれもつねに海外プロジェクトをまとめて紹介する節を設けている。たとえば七〇年代の業績を紹介する章では第三節「世界企業への飛躍」において、東南アジアの賠償工事からはじまった海外事業が「その後、世界各地域との相互依存関係が強」まったことで「中東をはじめアフリカ、米国、欧州、中南米諸国」へと展開されていく事業過程が紹介される。そして八〇年代以降は、「わが国経済が低成長時代を迎え」て「伸び悩む国内建設市場」の代補として海外での大型プロジェクトに多数参画し、さらにプラザ合意後には「貿易摩擦を緩和するとともに価格競争力を維持するために」生産施設の海外移転などが加速……と紹介が続く。まさに賠償事業を契機として、七〇年代に日本企業がアジア進出を果たし、その後の海外進出が生み出されていく動きが具現化されている。

さまざまな賠償工事──ダムからホテルまで

東南アジアで実施された主たる日本の建築企業による賠償工事を挙げてみると、以下のようになる。ビルマのバルーチャン─ラングーン間送電線（受注：日綿実業）、インドネシアのトルンアグン・サウス排水トンネル、コッファー・ダム（以上、鹿島建設）、ホテル・インドネシア、アンバルクモ・パレス・ホテル（以上、大成建設）、サリナ・デパート（大林組・伊藤忠商事）、ウィスマ・ヌサンタラ・ビル（大成建設・鹿島建設）、パレンバン・ムシ河橋梁《きょうりょう》（大林組）、南ベトナムのダニム―サイゴン間送電線、等々。

こうした賠償工事は一九六〇年代におおむね完了している。そして、これらを受注したゼネコンの、のちに続く商業ベースの時代の「橋頭堡」となった。前項では鹿島建設でケーススタディをしたが、スーパーゼネコンと呼ばれる大林組や竹中工務店など他社の社史を参照しても、その海外事業の歴史は大同小異であると言ってよい。

賠償工事の多くはダムや橋梁などのインフラ建設であった。戦後賠償の主旨が特定個人ではなく国や社会全体への「賠償」である以上、規模が小さく、それゆえ社会的インパクトも相対的に小さい建築が避けられるのは当然であろう。ただし、例外がある。インドネシアでの賠償工事だ。右で挙げているとおり、そこでは高層ビルやホテルが建設されている。

ホテル・インドネシアは一九六二年のジャカルタで開催された第四回アジア競技大会施設として完成した、四〇〇室超の客室を有する一六階建ての大規模ホテルである。大成建設が米国・ドイツの専門家と共同設計した豪華ホテルであり、頂部に波型の連続屋根が載ったモダンなデザインを特徴とする。内外にはインドネシアの美術作家によるレリーフやモザイク画も制作され、日本とインドネシアの「共同作業」による建設であることが象徴された。サリナ・デパートも同年に竣工した高層ビルである。ジャカルタ最初の高層建築とされる。

さらにウィスマ・ヌサンタラ・ビル（図5－4）は、三〇階建て・高さ一一〇メートルを誇る超高層ビルである。当初は鹿島建設と大成建設が設計施工を受注したが、一九六五年に初代大統領スカルノが失脚したことを受けて工事が一時中断し（鉄骨が雨ざらしのまま放置されたという）、最終的に三井物産が引き継ぎ、七二年にようやく完成した。日本製の建材を持ち込み、現地職人の施工能力に合わせた極力シンプルなディテールを採用することで、施工期間の短縮が図られた。

以上三棟の建築は首都ジャカルタに集中的に建設された。いびつとも言えるこのような賠償事業には当然ながら批判がある。ホテルやオフィスビルを使用するのは一部の富裕層のみであり、「本来のあるべき賠償の在り方から大きくかけ離されたもの」（林一九九九）と言いうるからだ。建築専門誌でも同時代的には手厳しい批判が見られる。『新建築』月評欄（一九七三年五月号）では、ヌサンタラ・ビルに対して、建築史家の神代雄一郎は「ムカムカきた」、建築家の藤井《ふじい》博巳《ひろみ》は「後進国に対する技術的、経済的な思い上がりもいいところ」と率直な感想を述べている。日本の賠償・援助事業に対するアジア現地社会からの反発があることを同時代的に理解しての評価であろう。

図5－4　ウィスマ・ヌサンタラ・ビル　提供：鹿島建設株式会社

　インドネシアなど東南アジアを専門とする建築史

家の林憲吾は、シンポジウム05に寄せたレビューにおいて、とくにヌサンタラ・ビルに注目し、それが日本の建築企業にとっても「最初の超高層建築」であったことを指摘する。一九六八年の東京に完成した霞が関ビル（地上三六階・高さ一四七メートル）は、日本最初の超高層建築としてよく知られるが、その着工は六五年三月。六四年八月に着工したヌサンタラ・ビルは約半年早いのだ。ジャカルタと東京で同時期に始まった二棟の超高層の施工や構造設計は、いずれも鹿島建設が担当した。両プロジェクトの構造実験は鹿島建設の技術研究所でおこなわれており、先んじて進められていたヌサンタラ・ビルで試された技術は、実際に東京の霞が関ビルへと展開されたという（『KAJIMA』二〇一八年四月号）。

すなわち、東南アジアにおける賠償工事は、ときに先進的な技術が試される実験の機会でもあった、ということである。そしてそれは日本国内のプロジェクトへとフィードバックされもしたのだ。他方で、林はインドネシア側のエンジニアに技術がたしかに継承されていることも指摘しており、しばしば厳しく批判されるインドネシア賠償事業とは異なる評価を与えている。

ヌサンタラ・ビルのような超高層ビルがどうして賠償工事となったのか。林はその決定プロセスについても分析をおこなっている。「建築好き」で、新興国家のアピールをしたいスカルノ大統領。現地社会の状況にふさわしくないプロジェクトとして難色を示す日本政府。経済的に好都合な賠償工事へと導こうとする日本商社。事業化された戦後賠償には、このように賠償国と被賠償国の政府のみならず民間の企業や商社なども参与しており、しかもそうした多様なアクターは必ずしも足並みを揃えていたわけではなかった。それゆえ林は「アジアの戦後空間を国家からのみ眺めるのではなく、国家以外のアクターも含めて私たちは理解しなければならない」と注意をうながす。このことはインドネシアにかぎらず、事業化されてしまった戦後賠償、そしてそのフレームを引き継ぐ援助事業においても重要な視点と言えよう。

植民地建設からの連続性

戦後日本の建築企業が東南アジアに進出するための「橋頭堡」となった戦後賠償であるが、興味深いことに、その関係者はしばしば一九四五年以前の植民地建設のそれと連続した。

東京帝国大学土木工学科出身のエンジニアであり、敗戦翌年の一九四六年に建設コンサルタント会社の新興電業株式会社（翌年日本工営へ改称）を立ち上げた久保田豊は、そうした戦前戦後の連続性を象徴する人物と言えるだろう。久保田は植民地だった朝鮮半島にて、当時世界最大規模の水豊《すいほう》ダムなどを手がける一方で、戦後には「賠償第一号」であるバルーチャン第二水力発電所を手がけた。以後、さまざまな賠償建設プロジェクトにおいて東南アジアへの技術提供などを積極的におこなった。また、韓国の建築史家・曺賢禎によるシンポジウム05の報告では、一九六五年に国交が成立した韓国に対する日本のODAの大部分を用いて建設されたPOSCO（浦項《ポハン》総合製鉄所）ビルが紹介されたが、そこで重要な活躍を見せた上野長三郎も、植民地台湾の港湾拡張工事で活躍したエンジニアであったという。

さきに名前を出した海外建設協会にも戦前からの連続性は見いだせる。海外建設協会は、賠償事業を含めて海外から開発事業の引き合いが増えたことで、共通の窓口や調査請負組織の必要性から一九五五年に設立された組織であった（設立当初は「海外建設協力会」）。初代会長にはフィリピンとの賠償交渉に当たった津島壽一《つしまじゆいち》が就き、副会長に当時の鹿島建設・清水建設会長が就いている。その当初の計画要項には「役務賠償の一つとして極力開発事業の採用を計ること」とあり、賠償事業における建設業の割合を増やすために政府に働きかける目的があったことが分かる。そして、こうした海外建設協会は「〝第二の共栄会〟とも言うべき新機関」となることが期待されたものであったことが明記されている。共栄会すなわち「匿名組合共栄会」とは、戦前の一九三七年に海外進出のための協力を趣旨として設立された組織だ。

東〜東南アジアにおける日本の建設活動のこうした戦前から戦後にかけての連続性は、すでに多くの研究において指摘されている。代表的なところでは歴史学者のアーロン・モーアが挙げられよう。モーアは、久保田率いる日本工営の主要メンバー（重役）の過半数が台湾や朝鮮などの植民地建設の経験者であったことを指摘しつつ、さらに彼らが戦後アジア諸国に対して売り込んだ、ひとつの建設事業（たとえばダム開発）によって電力供給や治水、交通改善など多様な目的を達成する「総合開発」というコンセプトを、植民地建設のイデオロギーであった「総合技術」を明らかに継承しているものとして位置づける（モーア二〇一五）。

建築・土木史家の谷川竜一によるシンポジウム05の報告は、こうした戦前戦後の連続性を別の角度から、より解像度高く指摘している。谷川の報告でフォーカスされたのは、久保田に代表される巨人ではなく、大分の出稼ぎトンネル坑夫集団「豊後土工《ぶんごどっこ》」である。谷川によれば、一九一〇年代の日豊本線《にっぽう》の鉄道トンネル工事をきっかけに現れた豊後土工は、二〇年代には植民地の建設工事でも腕を振るうようになり、朝鮮半島の赴戦江《ふせんこう》水力発電所のトンネル工事にも参加した。そして戦後には、さきに挙げたインドネシアへの賠償工事であるネヤマトンネルの建設工事にも参加。以後、インドネシア、マレーシア、台湾など、東〜東南アジアの各地でダム建設にかかわっていく。すなわち、「久保田豊のようなトップのエンジニアだけでなく、豊後土工のような最末端の坑夫たちも、戦前と戦後を貫く技術的連続のなかにいた」のだ。

ただし谷川は、久保田のようなトップエンジニアと豊後土工に代表される土木工事の末端技術者の共通性を以上のように指摘する一方で、後者の人々にとってトンネル工事は、戦前にしても戦後にしても「稼ぎの良い仕事の一つ」にすぎなかった点を強調しているのが興味深い。すなわち、帝国主義による植民地支配、あるいは脱植民地後の「賠償」や「援助」などといった大義名分の意識は末端の技術者には希薄であって、そのような大文字のテーマからは切り離されたドライに海をまたいで展開される経済活動にすぎなかったのではないか、という。国家から民間企業までの多元的なアクターに注意を促す林憲吾の指摘と同様、重要な論点だろう。

3 「援助」「振興」としての建設

重なる構図――政府開発援助（ODA）

賠償事業がおおむね完了した一九六〇年代以降、アジアでの日本企業の建設事業は徐々に国家事業からは切り離された「商業ベース」へと移行する。他方で、高度経済成長を遂げた六〇年代の日本国は、ODAドナー国として途上国援助を積極的に実施することになる。その対象はやはりアジアが中心であった。日本の援助額は二〇世紀後半に増加し続けており、一九九〇年代の一〇年間には世界第一位のボリュームともなる。

ところで、戦後賠償の主要相手国は東南アジアであり、一九四五年以前の日本帝国からもっとも被害をこうむった東アジアの国々にはおこなわれなかった。植民地であった台湾（中華民国）はサンフランシスコ講和条約と同時に日華平和条約を結んで賠償権を放棄し、朝鮮半島の韓国は「連合国共同宣言」の署名国ではなかったために講和条約に参加できず、賠償権が認められなかったからだ。また、戦後の一九四九年に建国した中華人民共和国は、周恩来《しゅうおんらい》の「寛大な態度」によって賠償権を放棄している。

こうして東アジアでは、おこなわれなかった「賠償」の代替として、「援助」が実施されることになった。台湾には新中国との「国交正常化」以前の一九六〇年代に円借款が複数回実施された。韓国に対しては、一九六五年にようやく締結された日韓基本条約と日韓請求権並びに経済協力協定にもとづき、巨額の「経済協力」が取り決められた。先述したＰＯＳＣＯビルは、こうして決定された援助総額のじつに約半分を資金源とした重要プロジェクトであった。そのうえで八幡製鐵《せいてつ》、富士製鐵、日本鋼管という日本企業三社が技術協力に入った。さらに援助の二〇パーセントは昭陽江《ソヤンガン》ダムの建設に使用されており、日本のＯＤＡがインフラ整備におもに充てがわれたことになる。なお、曺賢禎のシンポジウム05での報告によれば、こうした日本の援助による建設プロジェクトは、韓国建築史の文脈ではこれまでほぼ語られてきていないという。

一九七二年に「国交正常化」を果たした大陸の新中国に対しても、日本は円借款や無償援助というかたちで莫大な規模の「援助」をおこなっている。当時の中国は、大躍進政策や文化大革命を経験したことで、技術的にも経済的にも日本に遥かに後れを取っていた。「日中友好」を合言葉にきわめて良好だった両国関係を含め、隔世の感がある状況である。

日本の対中ＯＤＡにおける建設工事の例として、首都北京を挙げてみよう。まず建築では、メタボリズムグループの建築家・黒川紀章《くろかわきしょう》がデザインを手がけた中日青年交流センターが挙げられる（図5－5）。中曽根康弘と胡耀邦《こようほう》の両国トップ対談により、日本の無償資金協力と中国政府の資金を掛け合わせて建設された、日中両国の若者が交流するための劇場、体育館、ホテルなどか

図5－5　中日青年交流センター　撮影：筆者

らなる複合施設だ。「天円《テイエンユエン》地方《ディファン》」と言われる、「天を円形、地を方形」と見なす中国の伝統的宇宙観を参照しながら、劇場棟やプール棟が円形、日中友好の架け橋を象徴するブリッジが方形で仕立てられており、単なるモダニズムの建築ではない。茶室など日本の伝統建築に傾倒していた黒川は、中国最初のプロジェクトでは大胆に中国的伝統を取り入れようとしたのだ。竣工は一九九〇年。ちなみに黒川は、マレーシアでのＯＤＡ事業（有償資金協力）として建設されたクアラルンプール国際空港のデザイナーでもあり、本稿の視角からは重要な建築家と言える。黒川の師である丹下健三やライバルの磯崎新も海外で活躍したが、いずれも建築家個人でプロジェクトが進められており、政府の外交政策とのかかわりという点では独特と言える。

　ほかには、中日友好医院（一九八四）や中日友好環境保護中心（一九九六）がＯＤＡの事業として建てられた。前者は、日本の対中ＯＤＡにおける最初の無償資金協力プロジェクトで、「日中友好のシンボル」として、先進的な医療施設を中国に提供することが意図されたものである。設計は病院建築を得意とする伊藤喜三郎建築研究所と日建設計が中国の建築企業共同体と共同して

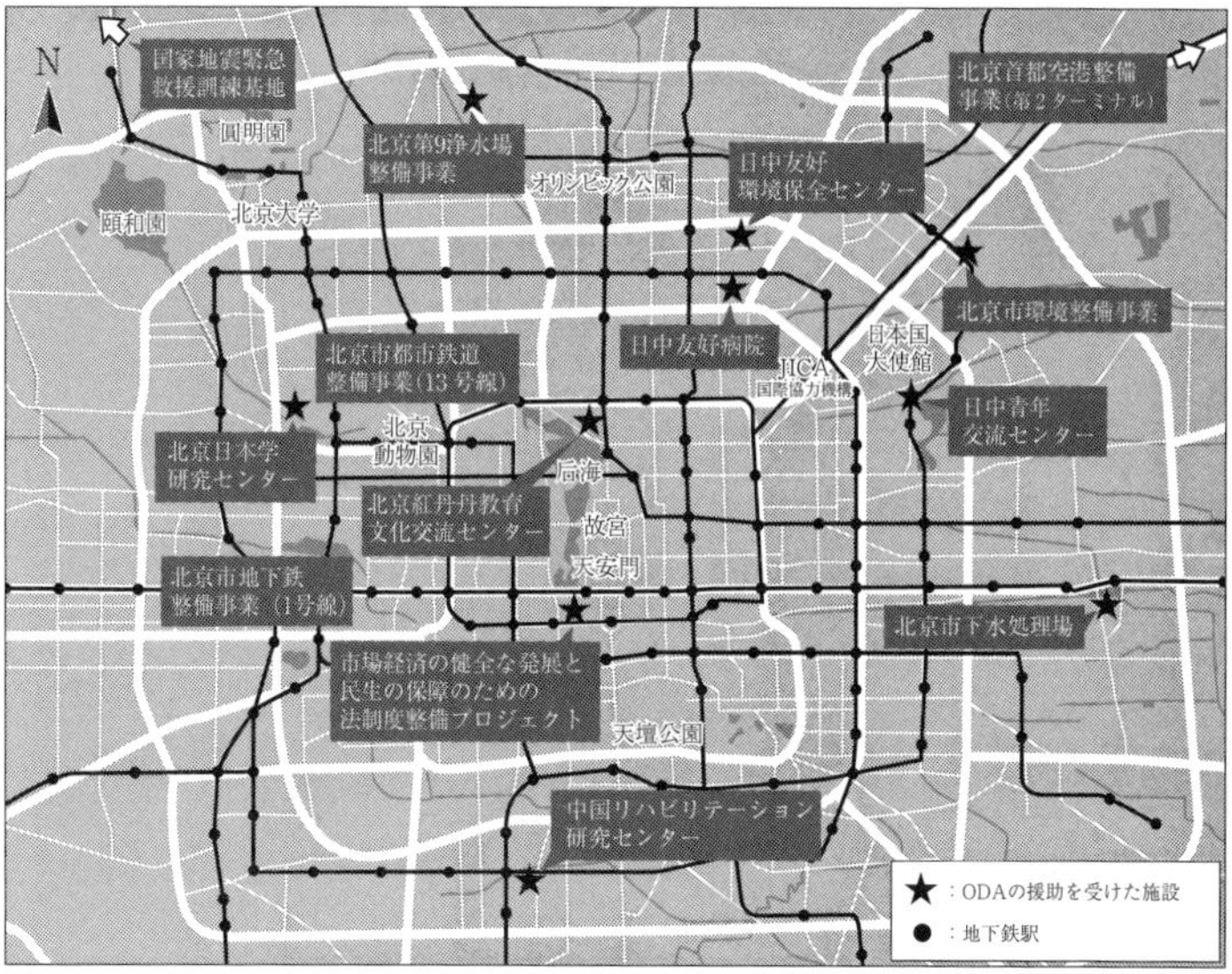

図5－6　北京のODAを活用した施設・事業（2016年3月時点）　出典：JICAウェブサイト「北京ODAマップ」をもとに作成

おり、技術指導・移転も企図された。施工は竹中工務店。後者は、中国で進む高度経済成長の副産物として生じた環境汚染解決のための援助プロジェクトであった。さらにこうした建築以外にも、地下鉄や浄水場など、日本のODAを活用したインフラ施設が北京では数多く建設された（図5－6）。

　シンポジウム05でコメンテーターを務めた尾島俊雄は、「国交正常化」以後に交換教授として中国に一年間滞在するなど、日中両国の建築交流に尽力した建築学者であるが、こうしたODA事業にも一九八〇年代には関わっていた。しかし、「相手国が必要であろうことを日本の商社があらかじめお膳立てしようとしていた」、つまり「自分たちがつくりたいものを相手国に押しつけ、それを必要だと言わせようとする」ことに強い違和感を感じ、アカデミックな場で国際協力を担う人材を育成するほうへとシフトしたことを述懐している。日本のODAが「援助」という大義名分の背後に、被援助国の事情よりも、しばしば受注する日本の商社や企業の利益を優先する仕組みで動いてきたことは、繰り返し批判されてきた。尾島の証言はまさにそのことを裏打ちするものと言えよう。

すでに述べたとおり、こうした構図は、「事業」化した戦後賠償と大差がない。実際、シンポジウム05の討議パートにおいて、宮城大蔵はODA業界で活躍した荒木《あらき》光弥《みつや》による指摘――「現地で日本の商社が先回りする、という賠償のときについた癖がODAまで残ってしまっている」(荒木二〇二〇)という指摘を紹介している。

沖縄の「特殊事情」――沖縄振興開発計画

沖縄の近代建築史を専門とする小倉暢之はシンポジウム05において、沖縄が日本国のなかで抱えるさまざまな「特殊事情」を報告した。先の戦争で戦場となって甚大な戦禍があったこと、敗戦後二七年間(一九四五~七二)は米国施政下に置かれたこと、一九七二年の本土復帰以降も国土面積のわずか〇・六パーセントに当たる県土に在日米軍専用施設・区域の七四パーセントが集中していること。戦後しばらく沖縄は「外国」であり、建築の進め方や図面も米国式であった。また、そもそも近代以前から琉球諸島は日本や中国とは異なる社会や文化を築いており、「日本」の内側に組み込まれたのは一九世紀末の琉球処分以降のことにすぎない。

こうした「特殊事情」を有する沖縄で、本土復帰後に始まったのが沖縄振興開発計画である。高度経済成長を遂げた日本全土と、米国施政下で停滞していた沖縄のあいだの経済格差の是正を目的に、手厚い国庫補助による振興政策が実施されたのだ。第一次振興開発計画が一九七二年から一〇年間実施されたのち、その後第二次、第三次……と続き、二〇二二年には第六次計画が策定されたばかりだ。第五次計画までの予算累計は一〇兆円を超えている。

沖縄の振興開発で重視されたのは、（教育や福祉などへの補助ではなく）道路建設などのインフラ工事であった。小倉は象徴的なプロジェクトとして沖縄自動車道の建設を挙げている。本土復帰の記念と沖縄経済の復興の起爆剤として、一九七五年に開催された沖縄国際海洋博覧会に合わせて建設された道路であり、沖縄本島の南北を接続し、南北経済格差を解消することが目指された。そのほかにも、海洋博開催に合わせて整備された各種インフラ――道路、空港、港などが国庫からの「一〇割補助」で実現している。

インフラ工事などの公共事業を主軸とする本土復帰後の沖縄の経済構造は、「振興開発体制」などと表現されることがある。実際、復帰後の沖縄では一貫して第二次産業の割合が全国に比べて低く、にもかかわらず建設業の割合が高い。そして、工業事業の割合は復帰直前の一九七二年時点では三〇パーセント程度であったものが、数年後には六〇パーセントを超え、その後も五〇パーセントを推移している。復帰前の沖縄では米軍の基地建設があったために「軍工事」ブームが起こり、地元の建設業界がそれを請け負うことで成長していた。復帰後における建設業の割合の高さはそれを引き継いだものと言えよう。そこに公共事業が急増することで「振興開発体制」が形成された。背景にあるのは、県内大手の國場《こくば》組の会長・國場《こくば》幸太郎《こうたろう》が那覇商工会議所会頭に当選したことで、復帰後の経済界に建設業の意見が反映されやすかったためとの指摘がある（秋山二〇一五）。

こうして形成された「振興開発体制」のもとで、沖縄の建設業界では、とくに大型プロジェクトになれば、本土の大手ゼネコンや設計事務所が「キープレイヤー」となり、地元企業がＪＶとして加わるという構造が形成されることになる。振興開発計画において実施されるような大規模な公共事業では、技術や労働力を沖縄の建設業界の外からまかなう必要が生じるためだ。

小倉がそうした「本土企業の進出を象徴する建物」として挙げるのは、（振興開発計画の予算によるものではないが）一九九〇年に完成した沖縄県庁舎（行政棟）である。沖縄の気候を生かす、半外部の巨大アトリウム空間が特徴の建築だが、設計は黒川紀章と沖縄県建築設計監理協同組合、施工は本土の大成建設と間組《はざまぐみ》にくわえて沖縄の國場組、大城《おおしろ》組、大晋《たいしん》建設というチーム編成で実施された。本土の高い技術を沖縄に取り入れるという目的で、こうした設計と施工ともに本土＋沖縄混成のチームが組まれた。あるいはより近年の建築でいえば、振興開発計画の枠組みでつくられた沖縄科学技術大学院大学は、日建設計とコーンバーグ・アソシエイツに加えて、地元の国建が設計チームを組んだもので、本土でも見られない充実した研究・居住環境を生み出している

（図5－7）。

日本政府が予算を提供し、大手組織が技術提供を含めて仕事を受注する。そのような構図は、これまで見てきた「賠償」や「援助」の構造とよく似ているだろう。ただし、それが一時的なものではない点が沖縄の「特殊性」である。賠償事業は賠償が終われば、ODA事業は被援助国の経済が成長すればそれぞれ役目を終える。だが沖縄の振興体制はいまなお持続している。

図5－7　沖縄科学技術大学院大学　撮影：筆者

東西陣営による「援助競争」

これまで戦後日本が東〜東南アジアの諸地域（沖縄も含む）に実施した「賠償・援助・振興」における建設のありようについて記してきたが、それはそれ自体独立して存在するものではない。二〇世紀後半の世界を基礎づける冷戦構造と深く関係している。

冷戦期アジアで共産主義が蔓延することを防ぐために、米国は軍事的にも経済的にも、自由主義陣営の諸国への積極的な援助をおこなった。戦後日本の速やかな経済復興・成長も、東西対立の「熱戦」である朝鮮戦争をきっかけに、米国のジュニア・パートナーとしてアジアにおける共産主義の防波堤となることが期待されるようになったことが背景にある。他方で、社会主義陣営のソ連もまた、中国や東南アジアの国々に、イデオロギーのみを逆にして同じように軍事的・経済的な援助を惜しまなかった。宮城大蔵がシンポジウム05で指摘したように、冷戦期アジアでは、米国を中心とした資本主義陣営とソ連を中心とした社会主義陣営による「援助競争」の様相が呈されていたと言えよう。

東アジアで分断国家となった「ふたつの中国」はこうした状況を象徴する。台湾の中華民国では、米国からの援助で、軍事施設にはじまり、生産施設からインフラまでが大規模に整備された。一九五〇年から六五年まで続けられた米国援助体制期を台湾では「美援《メイユエン》（美国援助。美国は中国語で米国の意味）」と呼ぶ。この「美援期」において台湾建築では鉄筋コンクリート（RC）造が普遍化し、植民地時代に形成された図面や契約の方法などが米国式に転換した。よく知られるように、同時期の米国施政下の沖縄でも同様のことが起こっている。軍工事ブームによってRC造の建築を多数経験した沖縄の地元建設業者のコンクリート技術は先駆的なものであり、東京オリンピックの際には本土の工事でも活躍するほどであった。

他方で、大陸の中華人民共和国は、とくに建国初期の一九五〇年代にソ連からの援助を享受した。ソ連からの援助事業はその数から「一五六個のプロジェクト〔一五六个项目〕」と呼ばれ、重化学工業の工場を中心に橋やダムなどのインフラ設備が徹底的に整備された。そのようにして当時遅れていた新中国の近代化を促したのである。ソ連の「先進的」な工業・農業品の展覧館も北京や上海に壮麗に建てられた（図5－8）。くわえて、建築家やエンジニアが送り込まれると、法制度から設計思想まで、各種方面での社会主義化への「指導」が展開された。新中国の建築家は「設計院」のスタッフとして巨大組織化され、社会主義圏の公定建築様式である社会主義リアリズムに従うことが要求され、建築教育の現場ではカリキュラムがソ連建築史や工業建築を重視するものへと変化した。

日本のアジアへの「賠償・援助・振興」は、こうした競争的構造のなかに位置づけられる。そして当然ながら、こうした構造のなかで援助主体として振る舞ったのが日本だけではない点には、注意が払われる必要がある。曺賢禎のシンポジウム05での報告によれば、韓国は一九八〇年代にはODAを始めるが、六〇年代なかばからすでに非公式に途上国への援助を始めていた。たとえば大手自動車企業のヒュンダイは、冷戦期アジアにおけるもうひとつの「熱戦」であるベトナム戦争のタイミングで、自由主義陣営の南ベトナムの支援国だったタイに高速道路の建設を援助した。そしてこれを契機として東南アジア全域へと建設事業を展開したという。賠償事

図5－8　北京のソ連展覧館　撮影：筆者

業が日本の民間企業にとってアジア進出の「橋頭堡」となった流れと重なって見えるだろう。他方、社会主義陣営のほうでは、たとえば新中国は早い時期からアフリカや南米の社会主義国を中心に公共施設の建設援助を多数おこなっており、習近平政権が立ち上げた一帯一路政策はそうした援助戦略の延長線上にあると言える。

なお、ソ連の新中国への手厚い援助は一九五〇年代末に終わるが、その後新たなパートナーを必要とした新中国の建築界は、日本の建築学会との交流を模索してもいる。そこで実施されたのが、さきに紹介した（当時学会副会長だった）西山夘三の中国招待であった。結局西山のその後の中国交流活動は不発に終わったが、六〇年代に日中間で建築交流が活発化すれば、その後の両国の建築文化も多少変わっていたかもしれない。冷戦期においても東西陣営間の関係はかならずしも完璧に途絶えていたわけではなく、つねに流動的・可変的なものであった。

「非政治化」――冷戦期アジアにおける日本型援助

米国からの支援を受けた日本や韓国が経済成長とともに援助側にまわり、ソ連からの支援を受けた新中国も同じようにして援助側にまわる。冷戦期アジアでは、そのようにして「援助－被援助」のベクトルを可変させながら援助競争が展開されていた。

そのうえで、宮城大蔵はシンポジウム05において米国と日本の援助には「役割分担の色彩があった」と指摘している。軍事介入もいとわない米国の援助に対して、軍事力を建前上は保有しない一国平和主義の日本の援助は経済面に注力される、という分担である。さらに宮城は別の著作で、こうした戦後日本のアジア関与には、一貫して各国に「非政治化」を求める志向性があったことを指摘する。スカルノ体制崩壊後のインドネシアと改革開放後の中国という、ふたつの大国の混乱期に、日本は開発援助を集中的に実施することで、「開発と経済成長の流れが不可逆的に根付くことを、全力で後押しした」(宮城二〇一七)。グローバル市場の経済成長を是とする開発体制を確固とさせることをつうじて、地域秩序の安定を図ってきたというわけだ。結果として、二国に対する日本のODA累計(一九六〇〜二〇〇〇年代)はトップ2を占めている。

同様の見立ては本土復帰後の沖縄にも当てはめられるだろう。復帰後の沖縄では、土木工事を主体とする公共事業依存型と言うべき「振興開発体制」が形成された。こうして整備された人工環境や経済的豊かさが得られたことで、残存する米軍基地問題が非争点化された(島袋二〇一〇)。まさに「援助=振興」によって「非政治化」が試みられたのである。

基礎的条件――ポストコロニアルと冷戦構造

非政治化を促す日本型援助のもうひとつの特徴は、それが建築や土木などの「ハード面」にフォーカスしていることだ。対比されるのは、教育などの「ソフト面」にも注力する米国やソ連の援助手法であろう。韓国への援助はこうした違いを浮き上がらせる。

先述のとおり、日本による韓国援助は、その大半が社会インフラの建設に充てがわれた。他方で、シンポジウム05における曺賢禎は米国による援助プログラムとして「ミネソタ・プロジェクト」の重要性を指摘した。一九五五〜六一年に実施されたこの援助は教育にフォーカスしたものであった。これによって名門のソウル大学では米国式の建築教育制度が整えられ、また米国への留学が支援された。こうして韓国の戦後建築界では米国からの影響が圧倒的かつ中長期的に強くなった。韓国政府ビルは米国の支援のもとでＵＳＯＭ（United States Operations Mission）ビル（図5-9）とともに隣り合わせで一九六一年に竣工しているが、興味深いことに両棟はほぼ同一のモダンなデザインで仕立てられた。ＰＯＳＣＯビルなどのＯＤＡ事業が建築の文脈ではほぼ語られないこととは対照的に、「実用主義、効率性、経済的実現性といったアメリカの美徳は一九五〇年代の韓国の建築界において支配的であった」と曺は総括する。なおこうしたミネソタ・プロジェクトの効用は、日本では一九四六年にはじまり、槇文彦《まきふみひこ》や芦原義信《あしはらよしのぶ》ら戦後建築界の中核的人物を輩出したフルブライト・プログラムのそれと近似していよう。

　もちろん、植民地時代においては日本もそのような根底からの影響を及ぼした。植民地であった韓国における建築教育は、意匠や歴史ではなく実学的な側面に傾斜したものであった。その際に根付いた、建築を技術・工学と見なす「エンジニア・オリエンテッド」な視点は「日本が韓国建築に与えた最も基本的な影響の一つ」であると曺賢禎は指摘する。「一九五〇年代の韓国建築は、残存する日本のレガシーと新たに輸入されたアメリカの影響力との間の競争によって特徴づけられる」との曺の指摘は、「植民地以後」と「冷戦構造」という、戦後アジアを基礎づけるふたつの条件を端的に示している。

しかし戦後の日本による建築方面の援助は、そうしたソフト面ではなく、ハード面に集中した。こうして戦後韓国（および台湾）では、日本建築はあくまでも植民地時代の「レガシー」、あるいは部分的な影響にとどまることになった。植民地時代の記憶もあり、金壽《キムス》根《グン》が一九六〇年代に設計した国立扶余《プヨ》博物館など、「日本的なもの」の表現をまとう建築が生まれるとなれば、とくに韓国では批判に晒される。対日感情・関係が相対的に良い台湾では、丹下健三による聖心女子大学（一九六七）や坂倉《さかくら》準三《じゅんぞう》による塩野《しおの》義《ぎ》製薬台湾工場（一九六四）など、日本の建築家のプロジェクトが戦後も散発的に見られる。しかし、それはあくまでも散発的なものにとどまる。

図5－9　USOMビル（現・在韓米国大使館）　撮影：筆者

4　変質したもの、持続するもの

戦後の高度経済成長以降、あるいはさらに遡って一九世紀の近代化以降、日本はアジアにおいて例外的な経済大国であり、技術先進国であった。しかし言うまでもなく、二一世紀に入ってからはそのような立場にはない。とりわけ中国の台頭は、冷戦期にその下地が形成された戦後アジアの秩序を変更するものとして重要だろう。本稿が論じた「援助」という点にしても、中国は一九八〇～九〇年代の日本から莫大なODAを享受したが、現在は中国の対外援助額が日本のそれを遥かに上回る。日本の対中ODAは二〇二二年三月には技術支援を含めて完全に終わった。代わって習近《しゅうきん》平《ぺい》政権以降の中国は、「一帯一路」構想を立ち上げ、アジアのみならず米国中心の世界秩序のオルタナティブを（かつての帝国日本のように？）目指している。

尾島俊雄はシンポジウム05の場で、「国交正常化」直後に中国に理工系の交換教授として一年間滞在した際、当地で盛大に歓迎され、また全国から専門家が集まって自身の知見を熱心に吸収しようとしていたことを述懐している。実際、鄧小平《とうしょうへい》の主導した改革開放当初の中国は、戦後アジアで抜きん出た存在となった日本に科学技術の近代化と経済成長の範を求めた。改革開放によって一九八〇年代に西側諸国の世界建築史に合流した中国の建築学生がまずアイドル視したのが、つくばセンタービルの設計者としての磯崎新であったこと、あるいは九〇年に首都北京でアジア競技大会を開催する際、そのメインスタジアムの設計担当者を代々木競技場を設計した丹下健三のもとに送り込んで学ばせたことなど、「教える日本／教わる中国」という構図は、二〇世紀後半の日中建築界に繰り返し現れる。アジア競技大会のスタジアム（図5－10）は現在も北京中軸線上に建つが、その武骨なたたずまいは代々木競技場の流麗さからはほど遠く、そうした構図を物的に示してもいよう。

もちろん、このような日本の建築家ないし建築文化に対する敬意や好感は現在のアジアにも一定以上残っていよう。だが、各国で独自の近代化を果たした建築文化の成熟が見られるようになった二一世紀、そうした文化的影響力は相対的に確実に減じている。建築史研究者としての筆者はこのことをポジティブに捉える。煎じ詰めれば、二〇世紀の日本は世界唯一の非西洋圏＝アジアの先進国であり、それゆえその近代以降の建築文化（建築家という職能、伝統の近代化、建築教育制度等々）は、いつも西洋との比較をつうじて論じられてきた。二一世紀はそうではない。近しい建築的伝統を有する中国などのアジアの国々との比較や相対化をつうじて、その特殊性や普遍性をあらためてより精緻に論じることができるはずだ――たとえば、二〇世紀を特徴づける社会主義イデオロギーの受容の仕方や、近代化プロセスのなかで定着した教育制度などは、そうしたアジア近現代

図5－10　国家オリンピックスポーツセンター（体育館）　出典：Wikicommons（https://upload.wikimedia.org/wikipedia/commons/4/4d/Olympic_Sports_Center_Gymnasium_20130829.jpg）

建築の比較史的考察の焦点となりうるだろう。

冷戦構造を背景に形成されたアジアの戦後空間は、大枠では以上のようなかたちで、現在すでに変質していると言える。他方で、持続するものも存在していよう。本稿の主題で言うと、沖縄はそうした戦後空間の持続の例となる。本土復帰に形成された「振興開発体制」は、在日米軍基地の大半が変わらず沖縄に集中しているのと同じく、約半世紀のあいだ残っている。第二次安倍晋三政権以降には、政治的には「戦後レジーム」からの脱却が唱えられる一方で、日米軍事同盟の強化が図られるなかで沖縄への振興開発はむしろ規模を増やした時期さえあった。小倉暢之がシンポジウム05において、「振興開発体制」によって基礎的なインフラが整備された一方で、未だ残る基地問題によって沖縄とくに那覇市の高密化が生まれていること、そして本土企業に対する競争力、技術力を沖縄の建設業界が高めていくべきことを歴史的事象ではなく現在進行形の課題として指摘していたことが、強く印象に残っている。

第六章

都心・農地・経済
――土地にみる戦後空間の果て

日埜直彦・松田法子

1　土地にみる戦後空間の果て

土地にあらわれている戦後空間

渋谷や八重洲をはじめ、さらなる土地の高度利用を目指す再開発が続く都心。その都心や周辺の主要駅付近に林立するタワーマンションが見慣れた風景となった一方で、都市、郊外、農山漁村地域のいずれにも多くの空き家が出現している。これら建物や住宅の下地をなす「土地」から、本章では戦後空間の特質と変容を捉えたい。

きわめて立体的かつ高密度に利用されている都心の土地は、事業用地や住居用地として価値を高めてきた。これほどの価値を生んだのは、戦後の経済成長である。そして、都心に引きつけられた人口はその範囲を拡大しながら広がる市街地に住まいを求め、そこに自らの土地と家屋を所有することを目標としてきた。その結果形成されたのが、現在の郊外である。郊外の下地をなす土地は、本来、食料生産地としての農地だった。

特に本章で注目したい戦後の土地空間は、都心と農地である。その間に挟まれる市街地の縁辺部や郊外が、労働や資本の移動の舞台であった。

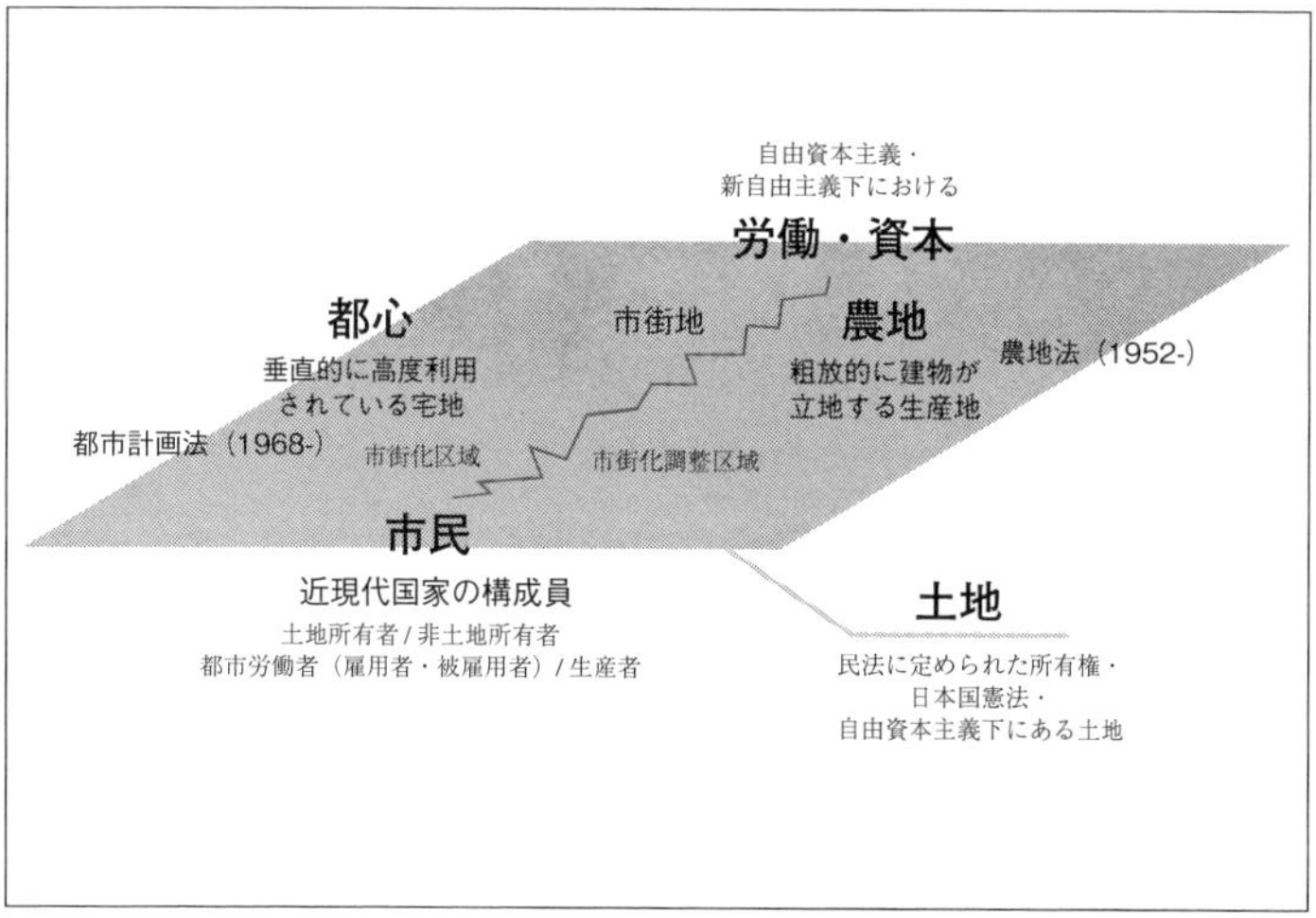

図６－１　戦後空間を土地にみるダイアグラム

都市の成長と農地の宅地化

日本では、都市は江戸時代から顕著な人口増加をみた。特に三都と呼ばれた江戸・大坂・京都がその代表である。明治以降昭和初期にかけては、経済活動の拡大と工業化の進展など、産業構造の変化によって都市は拡大した。郊外居住が健康をもたらすとうたって鉄道会社が沿線開発を行い、都市圏の鉄道駅を核に多くの郊外住宅地が形成される動きも、既に戦前から始まっていた。とはいえ、都市や市街地の圧倒的な拡張は、世界最大規模の経済成長を通じて戦後に起こったものだ。その背景にはまず、都市における企業の勃興と集中があり、そこで雇用される都市居住者の増大があった。そして、都市勤務者の住宅地が拡張する過程において、都市近郊農家の土地が莫大な資産となった。

市街地の宅地価格を示す市街地価格指数は、戦後、大きく三期にわたって急騰した。第一期は経済復興が本格化した一九五〇年代後半から六〇年代初頭にかけてのことで、この時期には工業地が地価の上昇を先導し、住宅地・商業地がこれに続く。第二期は一九七〇年代前半で、主に住宅地価格が上昇した。そして第三期が一九八〇年代半ばから九〇年代初頭にかけてのバブル経済期で、東京・横浜・名古屋・京都・大阪・神戸からなる六大都市の商業地価格が地価上昇をリードし、それが工業地・住宅地に波及した。こうした都市的土地利用の重要な供給源であり続けたのが、農地である。

都市の縁辺部は、主に都市労働者の住宅と、その生活上の需要を当て込む商業空間からなっている。鉄道と幹線道路を軸に巨大化した郊外の宅地は、GHQの農地改革（一九四七〜五〇）によって地主となった農家から供給された。都市計画法（新法、一九六八）は、市街化区域（既に市街地を形成している区域及び概ね一〇年以内に優先的・計画的に市街化を図るべき区域）と、市街化調整区域（市街化を抑制すべき区域）を定めたが、現実にはそのはざまで農地の宅地転用が進んできた。市街化区域と市街化調整区域のボーダーゾーンは、市街地と農地がパッチ状に入り組む奇妙な計画的縫合地をなす。

消費される土地と住宅／農地に固有の空間と時制

都市勤務者の賃金が土地の対価として農家に渡り、戸建て住宅地などが形成された。ただし、それら戦後の戸建て住宅が、建て主の子や孫、あるいは別の家族に引き継がれるような豊かな住宅ストックをなしてきただろうか。人口増かつ経済成長の時代に拡張した住宅地は、戦後の新興持家世代の高齢化や死去、その結果としての人口減によって、既に新たなフェーズを迎えつつある。そしてまた、限られた土地を高度に利用することで資産の蓄積を最大化してきたようにみえる現在の都心には、果たしてこれまでと同様の将来価値が約束されているだろうか？

これら都市や市街地の先（都市計画法でいう市街化調整区域と都市計画法適用外区域）には、食料生産地たる農地がひろがっている。かつての農村地域である。一九四六年成立の第二次農地改革法を通じて実現された小作制度の解体は、農村を救済しようという戦前期農水官僚の悲願を果たすものであった。いわゆる地主制の解体である。市街地縁辺部の宅地化という動きの一方で、農地改革の効果を維持する目的で制定された農地法（一九五二）により、戦後の農地の変化は都市に比べれば格段にゆるやかで、かつドメスティックに温存された。農地に適用される固定資産税は低く留め置かれた。めまぐるしく変化する都市圏とはまったく異なる土地空間の機構と時制が、そこにあった。

戦後日本の社会変動

終戦の一九四五年に七二〇〇万人だった日本の人口は、二〇〇四年には一億二八〇〇万人に達した。現在はここから少し減っているが、いずれにせよ、この人口増を受け止める「器」として、住宅をはじめオフィスや商業施設、公共施設などあらゆる建築が必要だった。

しかも、そのスタートはマイナスからであった。戦争により住宅の二割が失われ、多くの市街地が焼け野原となっていた。住宅の不足は長らく切実な社会問題でありつづけ、人口自体の増加もあいまって、総住宅数が総世帯数に追いつくのはようやく一九六〇年代後半のことだった。

地方から都市へと人口が移動し、都市は高密度化し膨張した。地方から三大都市圏への高度経済成長期における人口流入（転入超過数）は毎年四〇万人を越え、一九五六年から七〇年までの累計は八二〇万人にのぼった。

この間、敗戦のどん底から先進国の一翼を担うにいたる急速な経済発展が進行していた。終戦直後は建設資材にすら不自由するありさまであったが、そうした窮状を乗り越えると一転して高度経済成長に向かい、あらゆる種類の建設が猛烈な勢いで進められた。高度経済成長期のあいだに日本での建設量は、着工床面積で八倍、名目工事費で五〇倍に増加した。建設量はその後、景気に応じて増減するが、大摑みに言えば高度経済成長期末期の水準を持続する。高度経済成長期に加速したスピードによって戦後空間は建設された、といっていいだろう。

人口配置と産業構造の変化

都市が膨張した。都市周辺部でニュータウン開発が行われ、団地が建設された。ニュータウン開発は公的な住宅供給の代表だが、公共セクターはしだいに直接的な住宅建設からは後退していき、住宅の総量から見れば限定的だった。並行していわゆる持家政策が採られ、政策金融の支えのもとで、国民は各自土地と住宅を取得するように誘導された（第二章参照）。低層戸建て住宅で埋め尽くされた郊外住宅地が都市の輪郭を押し広げていった。戦前は借家・借間が住宅のマジョリティだったが、戦後の持家政策はこの状況を完全にひっくり返した。

都市膨張の裏面は地方にあらわれた。農林水産業など第一次産業就業者は一九四五年の一七〇〇万人から八〇年の七〇〇万人へと急減した。高度経済成長期に他の産業と農業の所得格差が拡大し、農業以外の職場でも就労する兼業農家が増えた。このため農業の労力を軽減する機械化が進むなど、農業自体がかなり根本的に変容した。

戦前は第一次産業就業者が国民の半数だったが、高度経済成長期の終わりには第三次産業就業者が国民の半数になった。現在では、第一次産業就業者は五パーセント、第二次産業就業者が二五パーセント、残りの七〇パーセントが第三次産業就業者である。こうした雇用の変化は多くの場合に生活の拠点の移動を伴うものであり、彼ら／彼女らの生活空間の変化は大きく、またそれぞれに多様なものであった。

土地・空間と経済・政治のリンク

こうした日本社会の変化は、当然ながら経済と政治に深くリンクしていた。都市が中心となって経済をまわすようになった。地方から人口が転出して都市に労働力を供給し、あるいは都市に本社を置く企業が地方に工場を設けて労働力を吸収した。「国土の均衡ある発展」を謳う国土計画がその背景にあった。こうした全体が経済成長の社会的再配分のメカニズムとなっていた。

都市が経済の中心であったからまず都心で地価が上昇したが、都市郊外でも地価は上がり、さらに地方へと波及していった。都市周辺部の農地が住宅の敷地として購入されていき、その原資はほかでもない住宅のために宅地を取得する都市労働者の賃金であったのだから、結局のところ都市労働者の生涯賃金の少なくない部分が農家に所得移転されていたことになる。

垂直に高層化し、高密度化する都心、水平に拡張した都市圏、そしてその外側に広がる農地。そこで人々は生きていた。都市における労働の賃金を対価として都市に住む人々が土地・住宅を取得し、資産と化した土地を切り売りして農家は収入格差を埋め合わせた。こうした実態はもちろんそれぞれに違っていただろうが、それでもそこに一定の構造はあった。

戦後の生きる空間をめぐる状況は、単に建築・都市だけで捉えられるものではなく、国内の経済と政治が深く絡み合って成立していた。個々の建築をいくら眺めても見えてこないマクロ・スケールの戦後空間のメカニズムを、土地を切り口として見定めたい。シンポジウム06のふたつの報告をもとに、その局面がいかなる状況にあるか見ていくことにする。

2　都心と農地

土地をめぐる戦後空間は都心と農地の二つの局面において現れた。それがシンポジウム06の事前の仮説だった。戦後の経済成長の中で起こった社会変動は都市と地方を大きく揺さぶり、そこに問題が顕在化していたはずだ。ただし厳密に言えば都心と農地は対になるものではない。都心ないし都市と対になるとすれば地方であり、農地と対になるとすれば市街地だろう。しかしここで見ようとしている問題が顕在化した極点を言い当てるとすれば、まずは幅広く市街地というよりも都市の中心部、すなわち都心であり、また地方一般というよりは農地だろう。とすれば、そこで起きていたことをまず掘り下げることを狙った。

A　都心

都市化

戦後はまずは都市化が進行した時代であり、都市において土地の大きな変化が生じ、また多くの問題が噴出した。戦前は都心でも木造建築の割合がかなり高く、都市が鉄筋コンクリートや鉄骨による建築で埋め尽くされたのは高度経済成長期以降のことだ。その猛烈な変化を経て、ときにカオス的などと揶揄される現在の日本の都市景観は形成された。この街並みの乱雑さは都市において共有されるはずの規範の欠落を反映している。もちろん調和的な街並みがすなわち良い街並みということではないが、しかし時間をかけて形成されてきた都市をリスペクトし、その都市に積極的に参画する姿勢が、現在の日本の都市において欠けていることは誰しも認めざるを得ないところだろう。日本の都市景観の乱雑さを、この規範の欠落の実体化として見るべきなのだ。

『私的空間と公共性』（日本経済評論社、二〇一〇）や『土地・持家コンプレックス』（日本経済評論社、一九九六）などで展開してきた議論を背景として、経済学の視点から土地および住宅と公共性の関係について、シンポジウム06では山田《やまだ》良治《りようじ》氏に「都市空間形成の資本主義的展開——矛盾の構造と日本的特質」というタイトルでご報告いただいた。重要なポイントは二点あり、まず資本主義社会における土地の所有権に原理的につきまとう矛盾が提示された。そして日本の急速な資本主義社会形成がその矛盾を補完する規範をいまだに未熟なものとしていることが指摘された。順を追って見ていこう。

土地所有にともなう矛盾

資本主義社会における土地の所有権につきまとう原理的な矛盾とは次のようなことだ。まず一方で、誰かの所有物として独占的に使用される一区画の土地には、ロケーションやその周囲の環境、土地の質などの固有性がそれぞれに存在し、同じ土地は存在しない。固有の土地が特定の誰かに独占的に使用される、というのが資本主義社会の土地の使用のあり方だ。他方で、売買され値段がつけられる商品としての土地を考えてみれば、基本的に新たに土地が生産されることはなく、また土地そのものが損耗することもない。したがってその総量は不変であり、需要と供給による通常の商品のような価格均衡は需給の調整が起こり得ない以上成立しない。

「使用される土地」と「商品としての土地」という土地のこの二つの様相は、それぞれ特有の難しさを内包し、ぴったり重なり合うことがない。たとえばアンリ・ルフェーヴル（『都市への権利』ちくま学芸文庫、二〇一一）やデヴィッド・ハーヴェイ（『空間編成の経済理論』大明堂、一九九〇）らの現代都市論は、そこを手がかりとして議論を展開してきた。ただしこれらの議論はまだ不十分であり、もう一歩突き詰めて考えなければならない問題があると山田氏は言う。

それが土地所有の二重独占の矛盾である。つまり、いわゆる「市場の見えざる手」による公正さが成立するならば、それは固有の土地が使用されることの独占と売買にともなう所有の独占に由来する歪みが、それぞれなんらかのかたちで補完されたときであって、そこで土地利用規制や投機化抑制策のような公共的規範が必要になる。そしてその規範は歴史のなかで少しずつ社会的に成熟していくはずのものだ。つまりそれぞれの場の具体的条件に応じて固有の規範が形成されるのが普通で、ある規範がどこでも普遍的に妥当するわけではない。

建築不自由の原則

その二重独占の矛盾を補完すべき公共的規範はなぜそもそも必要なのか。その究極的な根拠は、土地の使用あるいは所有における社会的共通利益性だ。つまり、常に集合的に存在するものである土地について、個々の土地内部で完結しないような土地固有の質、豊かさ、あるいは利益があり、それはそれぞれの敷地単独では実現し得ない。逆に言えばそれぞれの社会の土地利用規制や投機化抑制策は、単にその土地を占有する者の思うに任せた土地の使用だけでは実現し得ない集合的な質を実現するために培われる。報告タイトルにある「資本主義的展開」は、資本主義社会における原則としての土地の独占的所有に対して、社会的共通利益性が歴史的にいかに確立され、発展してきたか、というプロセスを意味する。

そのように見たとき、日本における「建築自由の原則」と欧米における「建築不自由の原則」の対比が焦点として見えてくる。生活の景観をかたちづくる建築の外観および敷地内のあり方について、たとえば欧米ではしばしば地域コミュニティや自治体が定める詳細な規制や、それらが選任するタウン・アーキテクトの同意が求められる。そうした制度により個別の利益と社会的共通利益の調整が担保され、都市環境の質的規範が具体化されている。そうして時に厳しい制限が課されているわけだが、日本においてはそのような規制は存在しない。日本における土地の所有権は国際的に見ても特異に強力で、地権者に「建築自由の原則」が保障され、かなり形式的な建築基準法の規制さえ踏まえればいかなる建築も建てることができる。そうして「カオス」的な日本の景観が生まれた。土地と空間の社会的共通利益性のために我々が備えている社会的仕組みのつたなさは、無原則な「建築自由の原則」にあらわれている。

資本主義発展における日本の急進性

資本主義の最長老国イギリスは、一八世紀にまで遡る長い資本主義の歴史のなかで都市化の発展段階を時間をかけてたどってきた。都市人口比率の立ち上がりを指標としておおまかに捉えるとすれば、イギリスに対してアメリカは五〇年遅れ、日本はさらに五〇年遅れた。第二次世界大戦以前の日本はごく少数の都市以外は事実上の農村社会であり、そこから急速に資本主義社会が形成された。イギリスと日本の違いを、資本主義形成にかけられた年数だけで単純に比べるのも乱暴だろうが、日本において資本主義化が急速に進み、さまざまな水準の社会変動が同時並行的に起こった。その過程で諸外国の先行事例に学び、予防的に回避された課題もあっただろうが、この急速さの結果として多くの問題が取りこぼされたと言わざるを得ない。

公共性の根拠のあやふやさ

「新しい資本主義」などが政策として議論される昨今の状況もまた、成熟から程遠い現実を反映していると山田氏は指摘していた。その実態はスマートシティ的な技術的解決の導入にすぎず、ここまで見てきたことからもわかる通りこの問題は技術で解決できるものではない。問題の所在すら十分理解されていないのが現状だ。日常生活空間から仮想空間に広がるリアルな社会的空間において、コミュニティのリアリティが問われ、公共性の根拠が問われている。広い視野からいま一度我々の現実を深く顧みることの必要性を山田氏は強調していた。原理的な視点からの提言は重いものであり、戦後の空間の実像がそこから炙り出されるようであった。

B　農地

農地と農業の戦前・戦後

山下一仁氏にはシンポジウムで、一九五二年に制定された農地法が農地においてどのように戦後の保守政治を支える市民を形成し、また農家と農業の内容が変質したかを軸に報告していただいた。以下にまずそのあらましを見ておきたい。

戦前の農地は基本的に地主制の下にあり、小規模に切り分けられた田地では多数の小作人が働いていた。小作人は米の収穫の半分を地主に物納したため、小さく分割された田地で小作人が最大限の米作に励んでくれたほうが地主の収穫量が増えた。これが小農主義である。多数の小作人と小規模な田地という組み合わせは、戦後の農地・農業のあり方の先行条件をなす。そして、米をできるだけ高く売りたい地主は供給量を抑えるために政府へ関税の導入を働きかけ、日露戦争の頃にこれを押し切って実現させた。米の高い関税は、以降、現在まで続く。このような条件は、ほとんどの農家、つまり小作人を貧しい境遇に据え置いた。

小作農の厳しい生活状況に対する農林省の具体的なアクションとしては、一九三二年から着手されていた農山漁村経済更生運動があった。また、一九三〇年から始まった昭和恐慌からの自力更生のためには、一九〇〇年に設立された産業組合の活用が期待されていた。一九〇六年の産業組合法改正によって、信用・販売・購買・利用の四つの業種、特に組合員からの貯金の受け入れや貸し付けという信用事業の兼業が認められるようになっていた組合は、のち、農業協同組合、信用金庫、信用協同組合、生活協同組合の母体となる。全国の農業組織は一九四五年に戦時農業団として統合され、四八年までに農業協同組合（農協）へと移行した。

次に、戦前・戦後の農業と政治の関係を確認する。戦前期のそれは〈大地主＋帝国議会 vs. 小作人＋農林省〉という構図にあった。帝国議会と大地主は言うまでもなく選挙で結びつく。これに対して、小作人側に立ち、農地解放を実現することが農林省の悲願だった。その農林省にいた人物の一人が、民俗学を興す柳田國男《やなぎたくにお》である。柳田は小作人を擁護する立場から、農家の規模が一定程度大きくなければ所得を確保できないとして、中農の養成と土地の公有論を唱えていた。

戦後の農業と政治の構図は、〈農協―農林族政治家―農林省〉である。戦前期の関係は一転し、三者が相互に癒着する「農政トライアングル」が成立した。そうして農家は農林族政治家に一票を投じる票田となった。それが、戦前期に農民の圧倒的多数を占めた〝小規模な農地を耕す小作人〟の戦後の姿であった。

農地改革と農地法／地主から農協へ

農地改革は間違いなく戦後改革の柱だといえる。戦前期の地主制を解体したからだ。その農地改革はGHQではなく、戦前からこれを進めようとしていた農林省の発案によるものだった。農林省の狙いは、小作人の零細性を解消するため農民一戸あたりの耕作面積を増やすことにあった。その成果を固定するものとして施行されたのが、一九五二年の農地法である。

またここで見逃せないのは、防共法としての農地法の役割でもある。戦後、農村に社会主義思想が入り込み、共産主義運動が盛んになる。農村の共産党員化はGHQにとってかたく阻止せねばならない事柄だった。しかし農村の社会（共産）主義運動は、ある頃から風船の空気が抜けるようにしぼんでいく。その大きな理由は、小作人の地主化にあった。農地改革によって生まれた一戸一ヘクタール程度の小規模な農家かつ地主は政治的に保守となった。これを見たマッカーサーは、農地法による農地改革の成果の固定を政府に働きかけた。つまり農地法は、農林省が目指していた農家ごとの耕作規模の拡大ではなく、農地改革によって生まれた防共的側面の効果を固定することが（GHQによって）重視された法だったと汲み取れる側面がある。

そして、農地改革で生まれた小規模で均質な農家を組織したのが農協である。多数の小規模農家を組織の構成員とする農協の構造が、戦後の長期保守政権の礎をつくった。農協には町村など対象区域内の全農家が加入する。町村―府県―全国の三段階からなる組織を背景として、農協は農家票を取りまとめて農林族議員を当選させた。農林族議員は高米価や関税の維持、農業予算の獲得を農水省とともに実現し、農協は農家の兼業収入や農地の転用利益からなる預金を運用して成長した。

農地における戦後空間の成立

農民と農地の動きから見れば、「戦後空間」は一九六〇～六五年頃に確立されたといえそうだ。この時期には池田内閣で所得倍増計画が進められ、同時に、工業と農業の所得格差、言い換えれば都市と農村の所得格差の是正が目指された。経済成長期には工業が発達し、工業従事者の所得が農業従事者を追い抜く。このような状況に対しては、農村へ工業を導入する政策が採られた。これで、農村で成長した子どもたちは都市に流出せずとも地元から工場に通勤できる。その傍らでは米価も上昇したので、農地法で解放・固定された零細な農家は米作を続けることができた。一九六〇年代は、農家所得の向上を名目に米価が引き上げられた時期である。「貧農層」は六〇年代末には消失した。

ここで重要なポイントは以下である。農家一戸あたりの耕作地面積の増大など、農業基本法に基づいて構造改革を遂げ、農家の所得を増やすという理念は一九六〇年代前期までに挫折した。

戦後の農家は、農業以外の生業との兼業と宅地への農地の切り売りによって豊かになった（なおここで言う宅地とは地目上の区分であり、住宅地・商業用地・工業用地などを含む）。そして農業所得の四倍にのぼる兼業収入や農地の宅地転用によって得られた収益は農協に蓄積され、いまやＪＡバンクは一〇〇兆円を超える莫大な預金額を抱える。

そして一九六〇年以降、農業自体も大きく変化した。七〇年には米の供給が過剰となり、減反が開始された。一八七五年から一九六〇年まで、農業従事者数、農家戸数、農地面積の三つの数字にはほとんど変化がなかったが、六〇年以降はいずれも減少した。農地面積は六〇九万ヘクタールから四三七万ヘクタールに減っている。七〇年には農家が七割以上を占める集落が六割を超えていたが、現在は六パーセント強に過ぎない。農家の収入が最も少ないのが〇・五ヘクタール未満の水田作農家で、農業・農業関連事業所得はマイナス一二・四万円、続いて〇・五ヘクタール以上の水田作農家では平均五六・二万円である。販売農家全体のうち五六パーセントが稲作を行うが、農業総生産額全体での内訳で米は一九・二パーセントである（二〇一八年のデータ）。そして一九九〇年代以降は農産物の輸入の増大と農家の高齢化によって農業の状況自体が大きく変わっている。以上が山下一仁氏報告の概要である。

戦後改革の重要な柱として実施された農地改革は、戦前期の貧しい小作人を、個々に土地をもつ豊かな農民に変えた。しかしながら、一九六〇年代以降の農民の豊かさの内実は、生産高の向上など農業そのものではなく、兼業や、特に市街地周辺農地の宅地転用を通じて得られたものだった。それは農地改革の本来の趣旨とはまったく異なるものだ。そして米作は、保守政治の票田となった農家、彼らをまとめる農協、農林族政治家が切り離しがたく結びついた振る舞いのもと、農林省による高い関税の維持などの政策に守られて継続する。

3 戦後の土地についての着眼点

土地をめぐる問題は多岐にわたる。土地を考える上で重要になる着眼点を列挙しつつ、検討していくことにする。

既に見た都心と農地のふたつの局面においてあらわれた歪みは、それらが接する境界線上で衝突しさまざまな問題を派生させた。そのはざまで起きていたことをまず見る必要がある。そして農地は単なる土地の一類型ではなく、国民の食料を生産する食料自給の場であり、それゆえの特殊な公共的役割を帯びていた。また都市化に牽引されて地価が急速に上昇したが、そのことが次第に土地の資産的性格を突出させた。日本の経済のなかで土地資産の持つ比重は諸外国と比べてみると特異なもので、そのことが戦後の空間を支える土地に大きな歪みと課題をもたらしていた。以上の四点を中心として、それぞれの論点を解きほぐしつつ考えてみたい。

A　農地と市街地のはざま

戦前期の農地の動き

まず農地における市街地形成のメカニズムを概観しておきたい。日本の都市のほとんどは河口付近に立地し、発達している。山地の多い日本にあってこの平野部は農業適地でもあるため、そもそも都市的土地利用と農業的土地利用は隣り合う（石田一九九〇a、岩本二〇〇二）（図6－2）。東京市街地周辺の農地が大量に宅地に転じる下地を戦前期に準備したのは耕地整理事業である。その大規模な例としては世田谷区西南部のほぼ全域を対象とした、玉川全円耕地整理組合事業などがある。耕地整理とは、明治二〇年代から地主によって進められた田区改正に始まり、明治三二（一八九九）年制定・四二（一九〇九）年に大改正された耕地整理法に基づいて実施された、一群の事業である。同法の目的は耕地の生産力を高めることと、それを国の補助・融資の下で進めることにあった。事業は地主を中心に耕地所有者が耕地整理組合を組織して、同組合が主体となって行う。よって小作人は組合から除外されていた。戦後一九四九年には同法が廃止され、新たに土地改良法が成立した。組合は土地改良区という組織になり、構成員資格は「耕作者」とされた。これは戦時中における耕作権の強化を継承・発展させ、かつ農地改革によって生まれた大量の戦

図6－2　1961年の大宮駅付近（埼玉県）。谷地田をはさんで、鉄道沿いに市街地化が進む浦和大宮支台（左）と、農村の土地構成を残す片柳支台（右）　出典：国土地理院

後自作農を土地改良の意思決定者に加えた。

耕地整理事業の実行過程における農地所有者たちの対応と合意形成過程は、農村の秩序を再編した。前述した玉川の例でいえば、村民は鉄道会社が進める田園調布の開発などを目の当たりにして、これでは「土地の地主というものが滅びてしまう」という危機感のもと、農地の交換・分合・地目転換を通じて、単独では得られない利益の獲得が目指されたという（高嶋二〇一三）。農地をまとめて宅地化するメソッドが戦前期に確立し、そして市街地化が先行的に進んだ農村では農地の宅地化が農民によって実行されてきたことにあらわれている農家の主体性を、ここで確認しておきたい。

都市計画でも農地の宅地化を市街地計画と積極的に接続する必要があった。旧都市計画法施行（一九一九）以前は耕地整理、それ以降は土地区画整理が制度的には最も有効な市街地開発手法となる。都市計画道路の整備は土地区画整理による道路建設に依存し、都市計画法第一二条で認可された私的な土地区画整理事業が都市に新たな市街地を提供していった（鶴田・佐藤一九九五）（図6－3）。

そして戦後一九六〇年代に工業・農業従事者の所得格差が広がった際には、農業所得を底上げするため、農地に莫大な公共投資が行われた。

なお、一九四九年に制定された土地改良法にもとづく土地改良事業では、都市計画道路を含む非農業用道路を換地によって生み出すことはできなかった。かといって、道路建設のために農地

図1　耕地整理及び12条認可土地区画整理施行区域と都市計画道路(東京)

図2　耕地整理及び12条認可土地区画整理施行区域と都市計画道路(大阪)

図3　耕地整理及び12条認可土地区画整理施行区域と都市計画道路(名古屋)

図6－3　戦前における東京・大阪・名古屋の耕地整理状況と12条認可土地区画整理施行区域、都市計画道路の配置　出典：鶴田・佐藤1995をもとに作成

を直接買い入れる方式では農家との個別交渉が難航し、道路建設が進まない。そこで土地改良法は七二年に改定され、換地による非農用地の設定が可能となった。この非農用地設定を使うことで、都市計画道路や工業団地が土地改良事業に伴って建設されるようになったのである。

農地の転用によって生成された宅地や道路のかたちは、農地のそれをベースにする。区画整理によって出現した大規模な新興住宅地のほか、ミニ開発でもそれは同様である。ミニ開発とは、市街化区域において開発許可を要さない一〇〇〇平方メートル未満の土地開発のことで、その土地の内部をさらに一〇〇平方メートル未満の区画に細分し、戸建て住宅向けの分譲地とすることが一般的である。一九七〇年代後半にはその呼び名と共にひろく定着した宅地開発法だ。なお約一〇〇〇平方メートルの農地とは、水田の基本区画単位である一反に対応する。

首都圏においては、田地や畑地を開発許可の埒《らち》外《がい》で個別に宅地化したミニ開発分譲地が、都市計画制度に接続した区画整理実施地の間を鉄道伝いに増殖していった（図6－4）。ミニ開発の宅地は道路その他の公共インフラとの接続が脆弱で、今後スラム化する可能性も指摘されている。

なおこのミニ開発とは、一九六八年の新都市計画法で設定された市街化区域と市街化調整区域の「線引き」と、一〇〇〇平方メートル未満であれば開発許可を要さないという規定の裏面として七〇年代に急拡大したわけだが、市街地縁辺で農地が場当たり的に切り売りされて宅地化する状況は、たとえば東京においては関東大震災前後の郊外化時点から大量に存在したものであった。このような状況が、耕地整理や土地区画整理といった農地のより計画的な宅地化に併存していた。

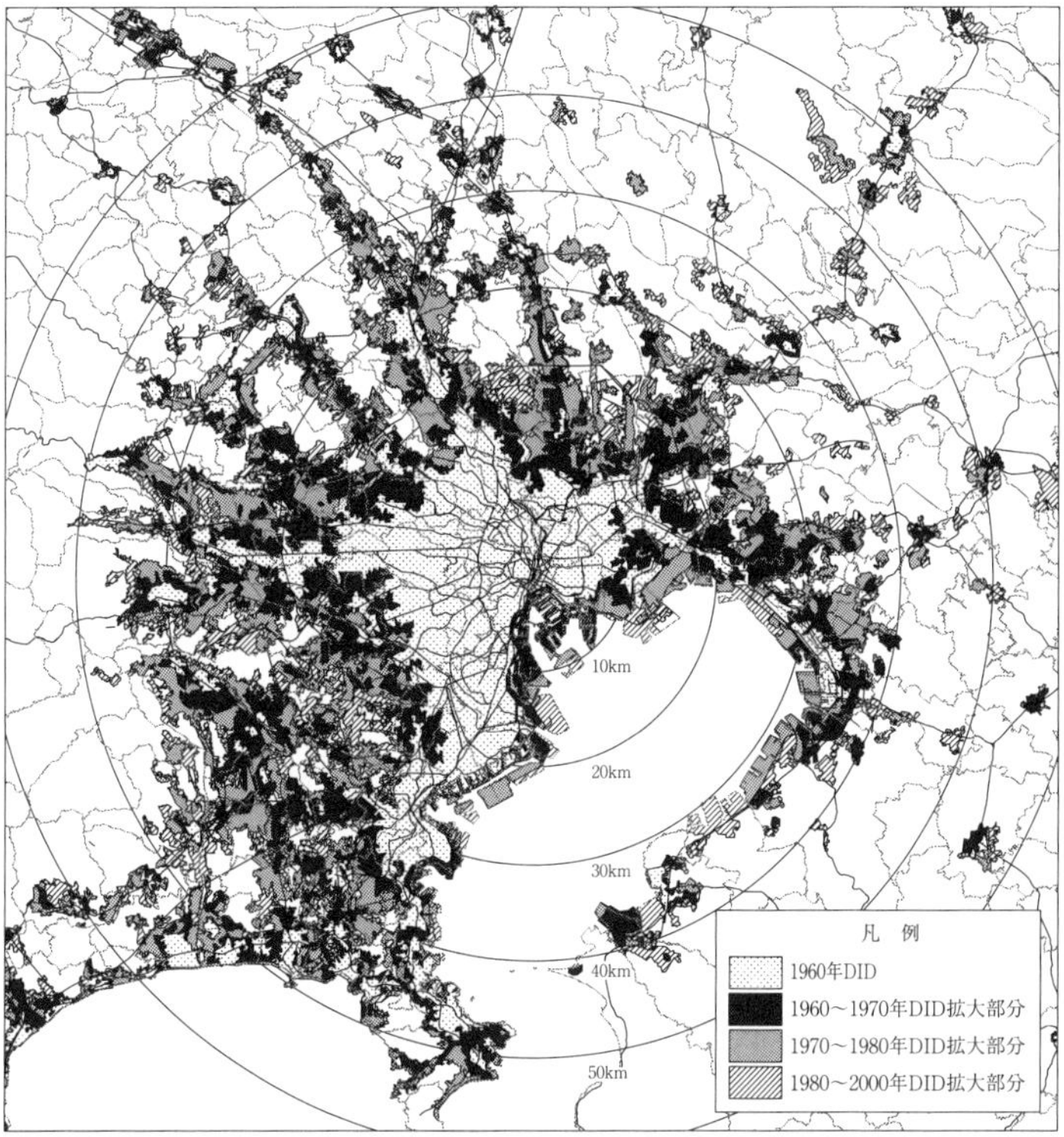

※図中の人口密集地（DID）は、土地区画整理事業や公的開発による計画的住宅地、非住宅の都市的土地利用とミニ開発を含む。首都圏郊外のミニ開発住宅地は、高度経済成長期とその後の数年間に形成された（勝又2007）。

図6－4　首都圏における人口密集地（DID）の拡大状況（1960－2000年）　出典：勝又2007をもとに作成

市街地化圧力を眼前にした損得勘定から場当たり的に農地から転換された宅地は、生活場としてあるべき姿が追求されたものであったというより、住宅地として開発しやすいように分割された土地空間の広がりにすぎなかったともいえる。

農地・宅地ゾーニングの形骸化

一九六八年制定の都市計画法では、市街化区域と市街化調整区域が区分された。これは都市近郊での無計画な市街地拡張を抑制するために、都市計画では初めてとられた対応である。また、農林省による「農業振興地域の整備に関する法律」（農振法）で指定された農用地区域では、農地の転用が認められないはずであった。

しかし、都市計画法が定める市街化調整区域において農地が宅地に転換されることは実態としてままあり、農振法も〝ザル法〟だった。農地の転用申請が不許可になる比率は東京ではたった二パーセント前後にすぎず（石田一九九〇a）、また農振法の農用地区域の見直しは五年に一度が原則だが、農家から転用計画が出されると毎年のように見直され、農用地区域指定は容易に解除可能である。再びシンポジウムの山下報告に戻ると、一九五二年制定の農地法には第一条に転用規制があるが、転用許可を判断する農業委員会も主に農業者によって構成されているため身内の申請に甘い傾向があり、さらには違反転用された農地でもその八割は事後的に転用許可が下りているという。つまり農地の宅地転用を規制するはずの農振法・農地法は、ザル法を二つ重ねただけの状態なのである。なお、市街化調整区域で地目変更が行われても、農業用など特定用途以外の建物の新築は不可とする規制があるが、それもひっくり返されることがままあった。西欧のような「建築不自由の原則」を欠く日本において、農地についてだけは農地法による所有・転用規制がそれを代替するはずであったが、抜け穴の多い運用によって農地の転用に歯止めがかからない状況が、市街地に隣接する農地の常態となった。

農地の工業用地化を扱い、日露戦後から第二次世界大戦復興期までの東京・川崎・静岡・名古屋の各都市圏における工業用地の形成過程を検討した沼尻晃伸《ぬまじりあきのぶ》は、これら都市圏ではいずれの時期においても土地所有者の私的利害の貫徹が都市計画の理念の浸透を阻んだことを指摘し、私的利害の横行が日本において都市計画が理念どおりに機能しない理由だと指摘する（沼尻二〇〇二）。

B　農地の公共性

――第十三条　すべて国民は、個人として尊重される。生命、自由及び幸福追求に対する国民の権利については、公共の福祉に反しない限り、立法その他の国政の上で、最大の尊重を必要とする。

――第二十九条　財産権は、これを侵してはならない。

二　財産権の内容は、公共の福祉に適合するやうに、法律でこれを定める。

三　私有財産は、正当な補償の下に、これを公共のために用ひることができる。

（日本国憲法）

都心と同様に、農地においても土地の私的所有の絶対性が土地空間を変貌させてきた。戦前期には、地主が耕地整理を通じて農地の宅地化を牽引した。戦時中に耕作権を通じて農地への権利を強化された小作農が、戦後には農地改革によって小規模農地の土地所有者となり、とりわけ市街地周辺の農地の運命はかれら自作農化した農家によって決定されてきた。

ここで、農地における公共性という論点を立ててみよう。

農地は国民の食料生産の場であり、その役割は農地法の第一条に明記されている。[1] しかし一九六〇年代以降、農家は農地転用によって莫大な利益を得てきた。一九六一年に六〇九万ヘクタールで、その後一六〇万ヘクタールを新たに造成して七七〇万ヘクタールほどになった農地面積は、二〇二〇年時点で四三七万ヘクタールに減少している。減少分三三〇万ヘクタールの半分は転用、残りの半分は耕作放棄で、減少分の面積は東京都の広さの約三・六倍に相当する。宅地転用された一六〇万ヘクタールの農地では、少なくとも二五〇兆円程度の利益が生じたはずである（山下報告による）。近年の農業生産の総額が毎年一〇兆円程度であるのに対して、これは単純計算でその二五年分にもなる金額だ。農業の本業の売り上げに対して、農地の用途転用による収益は驚くほど多い。二〇一三年における農地一ヘクタール（平均的な農家の農地面積）の転用価格は、都市計画区域外では一億四〇〇〇万円、市街化区域では五億一〇〇〇万円にもなる。この土地価格を生じさせている土地本位制的な経済、加えて市民の住まい方の志向のことも振り返っておく必要があるだろう。砂原庸介《すなはらようすけ》『新築がお好きですか?――日本における住宅と政治』(ミネルヴァ書房、二〇一八)や、本書第二章でも指摘されたように、新築の持家を支持する戦後の日本社会は、様々な法制度や慣習・規範によって相互補完的に形成され、維持されてきた。それは、国策だった。

建築家の木村浩之《きむらひろゆき》は、農地とその関連法における「公共の福祉」の欠如という観点から、戦後空間シンポジウム06にレビューを寄せた。憲法と都市計画法には「公共の福祉」という文言があるが、農地における社会的利益は、個々の農家の損得勘定とのトレードオフという極めて軟弱で社会公平性に欠けた方法を乗り越えずには実現できない状態にある。つまり、農地法における公共の福祉という概念の欠如が根本的な問題ではないか。シンポジウムの討議では建築家の内藤《ないとう》

1 「第一条 この法律は、国内の農業生産の基盤である農地が現在及び将来における国民のための限られた資源であり、かつ、地域における貴重な資源であることにかんがみ、耕作者自らによる農地の所有が果たしてきている重要な役割も踏まえつつ、農地を農地以外のものにすることを規制するとともに、農地を効率的に利用する耕作者による地域との調和に配慮した農地についての権利の取得を促進し、及び農地の利用関係を調整し、並びに農地の農業上の利用を確保するための措置を講ずることにより、耕作者の地位の安定と国内の農業生産の増大を図り、もつて国民に対する食料の安定供給の確保に資することを目的とする。」第一章 総則、農地法、昭和二七年法律第二二九号。(傍線筆者)

廣《ひろし》が同様の発言をした。

日本国憲法には、「公共の福祉」という文言が計四ヶ条に用いられている。公共の福祉とは、個々の人間の個別利益を超え、又はそれを制約する機能を持つ、公共的利益あるいは社会全体の利益を指す（法令用語研究会編二〇二〇）。日本では日本国憲法で用いられて以降、各種法令で広く使われるようになった。

農地改革の理念はそもそも、農地の所有と利用にかかわる公共性を強調するものであった。農地法も、自作農の創設を目的に憲法第二十九条二項の「公共の福祉」に適合するように定められたものだ（そのような理解が、農地改革違憲訴訟をめぐる多数の判決によって積み上げられてきた）。自作農を急速かつ広範に創設して農業生産力を発展させ、かつ農村の民主的傾向を促進することが「公共の福祉」に必要だという理念が、農地法の根幹をなす。公共とは全国民的な利益であり、農地は高度の公共性を持つ。しかし、農地改革の終了から農地法の制定にかけての現実は、農地所有への公的コントロールを可能とする重要な手段がしだいに骨抜きにされていくプロセスだった（岩本二〇〇二）。

戦後の日本国憲法における「公共の福祉」は、大日本帝国憲法時代の経験を反省し、人権保障を徹底するために、安寧秩序や公益などの超個人的概念による人権制限を廃した点に特徴がある。よって日本国憲法における「公共の福祉」は、個人の人権と対立する超個人的概念ではなく、人間の尊厳の理念に導かれた個人の人権尊重に期待する（萩野二〇一四）。そしてそれゆえに、何ら拘束力を持たない。

「公共の福祉」の解釈・運用において、日本国憲法と共にかたちづくられる社会とはつまりどんな社会なのかというヴィジョンは、具体的に見定められていたと言えるのだろうか？

「公共」や「公共の福祉」を実現する具体的方法は、そう容易に得られるものではなかった。そもそも日本語のおおやけ（公）は、古代の農業共同体において首長に属する中核施設「ヤケ」の、大きなものを指す。重層するヤケとオオヤケの頂点に天皇がいる。そのような公概念が、入れ子状に組み立てられた日本的な公／私（非・オオヤケ）の前提をなしてきた。そして公とは、少なくとも幕末までは天皇そのもののことであった（田原一九八八）。かつ一九四七年の日本国憲法施行まで、日本は帝国であった。

一方で近代民主主義のパブリックは、共同体の成員全員に関わり、かつ公開されたものというニュアンスがある。しかし近代のパブリックは、貨幣経済を仲立ちとしている。日本国憲法に「公共の福祉」が明記されるに先立ち、パブリックとはこのような歴史を持っている（またそもそも **public** は、市場社会である西洋都市で育まれてきた）。

公共の思想と歴史を研究する権安理《ごんあんり》は戦後日本の「公共的なるもの」の展開を整理し、終戦後一九六〇～七〇年代までを、公共事業などの秩序・命令として国家や政府が公共的なるものを独占していた時代（公共のオオヤケ時代）、一九六〇～七〇年代を、公害を機に国家と住民・市民の対立構造が生まれた時代（公共性の複数化時代）、九〇年代後半以降を、阪神・淡路大震災とオウム事件を経てＮＰＯ法成立に至る、市民活動の普及と公共の空間化時代と位置づけた（権二〇一八）。

また公共性を複数性として理解しようとする齋藤純一《さいとうじゅんいち》は、「公共性」という語が用いられる文脈を、①国家に関係する公的なもの（official／例として公共事業など）、②全ての人々に関係する共通のもの（common／例として公共の福祉など）、③誰に対しても開かれているもの（open／例として公園など）に大別し、かつ①〜③は互いに抗争関係にあるとした上で、これらの間に形成される言説や行為、政治が行われる空間として公共性を再定義しようという書物は未だほとんどないと指摘する（齋藤二〇〇〇）。

今日なお、公共（空間）についての語りや認識、実態は混濁している。記憶に新しいところでは、渋谷宮下公園のナイキ・MIYASHITA PARK化問題があるだろう。「公園」が民間事業者によって管理・運営される空間に変えられ、バブル経済崩壊後の園内で増加しかつ「のじれん」など独自のコミュニティや支援ネットワークが築かれていたホームレス（＝公共空間にしか居場所がない人）が排除された一件だ（窪田二〇二二）。宮下公園に限らず、ホームレスの排除は地価の格上げを図るジェントリフィケーションの手法として都市で広く実行されている。

公共は空間に展開・実現するものである（権二〇一八、齋藤二〇〇〇）。公共（空間）の混迷は、日本国憲法に謳われた公共の福祉が展開されるはずの空間が、公共とは何かというヴィジョンそのものが不明確なまま、土地の資産価値の増大と地価の急騰を伴う戦後経済のなかで、個人の人権尊重との狭間に引き裂かれてきたことと深く関係していよう。

C　地価

地価とはそもそもなんだろう？

農地の経済学的な理論地価は、将来にわたる農産物の生産高を想定利回りによって現在価値に換算することで算出される。同様に宅地の地価は、借地とした場合の将来にわたる地代を現在価値に換算して算出される。しかしこうした理論地価と現実の地価はしばしば大きく乖離する。

実勢地価は結局はその土地を買いたい者が提示する最高値であって、法外な値段となることがあり得る。また住宅地の場合、そもそも持家の敷地は生産の場というよりは家庭生活と消費の場であって、産出にあたるものがない以上、理論地価の意味はあいまいだ。山田氏が報告で述べていたように、結局のところ地価は通常の商品とは違って単純な需給関係により決まるものではない。そんななか漠然とした地価上昇期待にのせられ、戦後に地価は右肩上がりに上昇した。

戦後の地価上昇

国民経済計算によれば国内の土地資産の総額は、一九五五年の統計開始時には一二兆円にすぎないが、バブル期には二五〇〇兆円に膨れ上がり、地価が下落した現在でも一二五〇兆円を維持している。念のため確認するとこの間、埋立地などを除けば土地の面積が増えたわけではなく、国富のこれだけ大きな部分を形成したのは単価となる地価の上昇だった。土地以外も含めた日本の国富全体は三六七〇兆円であり、実に三割あまりが土地の資産価値である。これに対して諸外国の国富に占める土地資産の割合はおおむね一割程度にすぎない（岩本二〇〇二）。経済全体のなかで特異な比重を土地が占める状況が、日本の戦後に形成された。

この土地資産のうち、農地の資産価値は四〇兆円程度で、宅地の一〇〇〇兆円に比べれば微々たるものにすぎない。経済活動の中心地である都市が地価上昇を牽引し、高地価を周辺に波及させていった。既に戦前から都市の地価は相応に高かったが、高地価の範囲は現在に比べればかなり小さかった。戦後に都市は膨張をはじめ、都心部の外側のかつての郊外住宅地を市街地に飲み込んだ。市街地に建ち並ぶオフィスや商業施設においてはいわゆる集積の経済が強く作用する。つまり高密度に集積すること自体が事業を有利にし、それがさらなる集積を呼び込むサイクルが働いた。市街地はそうして高密度化し、高層化・複合化した大規模な建築を林立させ、そうして地価は高騰した。

ただし、より細かく見ると、この都市化はまだらに進行した。都心からの物理的距離は近くとも鉄道による通勤の時間距離から見ると遠い、駅から離れた場所には以前からの住宅地が取り残された。むしろ都心からの距離は遠くとも、地域内の移動の結節点となった鉄道駅づたいに市街地は拡大していった。こうして低密度のエリアを多く抱え込んだいわゆる未利用容積率を多く残す都市が形成され、都市インフラの不備や災害時の対応などの課題がそのあとに残された。良くも悪くも、こうしたパッチワーク化した都市組織は現代日本の都市の一つの特徴となっている。

法人の土地所有と「土地本位制」

戦後の地価上昇の要因の一つとして、法人による積極的な土地所有がしばしば挙げられる。日本の金融機関は事業融資において事業そのものの収益性を評価するよりも、むしろ担保の資産価値を融資枠の基準とする有担保原則をとり、これが法人に土地を取得することを促した。また税制と会計規則が法人の土地所有を有利にしていた。これら金融慣行や税制、会計規則は土地や地価そのものとは本来関係ないが、結果的に日本の地価上昇の要因となった。ときに「土地本位制」と呼ばれるこの経済のメカニズムは、日本の土地と地価を考える上で重要だ。こうした法人の土地所有は財務基盤の安定のためであったから、短期的な売買による投機よりは長期にわたる安定保有が前提であり、その上で地価上昇が期待されていた。このため法人において安値で土地を手放す動機は薄く、事業用地としてとりわけ重要な都心において地価を押し上げた。

他方で地価が高騰した土地を所有する個人が、相続税を払いきれないため不本意ながら土地を売却せざるを得ないケースが多くみられた。当然のことながら相続税は個人にのみ課税され、法人は相続税の対象ではない。とりわけ急速に地価が上昇した都市において、この影響は無視できない。こうした非対称な構図は不動産取引において戦後一貫して個人が売り越し、法人が買い越してきたことにあらわれている。名義上の地権者である法人が実態としては個人であることもあり得るが、いずれにせよ法人が保有する事業用地は増大し、それが都市が拡大する趨勢を後押ししていた。都心は生活の場というよりも事業の場としての性格を強め、事業計画の許容範囲ギリギリで地価は形成された。

地価上昇の受益者負担

ところで地価上昇の受益者は地権者だが、地価上昇自体は一般に、土地そのものというよりは社会インフラの整備などの実体と、土地資産に対する信用の両面からなるものだ。一区画の地価が周辺の地価水準から突出して上昇することはなく、有形無形の周辺環境が地価を押し上げている。再開発などが特定の土地の価値を高める効果はもちろんあるが、それも大前提として土地を取り巻く環境あってのものだ。

しかしこうして起こった地価上昇によって利益を得た地権者が、社会インフラの整備のコストを応分に負担しているとは現状では言い難い。つまり地権者の受益と負担は対応しておらず、受益者負担の原則は成立していない。この観点から地価を時価評価して、その値上がり分、キャピタルゲインにより積極的な課税をすべきであるとの提言はこれまでもなされてきた（岩田・小林・福井一九九二）。もちろん周辺の地価が上昇したからといって実際の売買をしていない土地所有者に地価上昇分の納税を課すことは現実的ではない。しかし社会的公平性を担保するため適切な受益者負担が健全な地価形成のため原則的に必要だとすれば、ここにもまた山田氏が報告で強調した都市空間形成の資本主義的展開における矛盾が露呈している。

地価と政治

米の流通と価格を政府が直接規制する食糧管理制度と、既に述べたような農政による農家の保護政策を通じて、農家を保守勢力の地盤とすることを自民党・保守政権は意識していた。一九九五年まで食糧管理法にもとづき生産者から買い上げる米価を実際に流通する米価より高値に保つ二重価格制が維持された。そうして政府が農家の収入を保護しつつ、農政が政府・農協・農家の相互依存関係を形成することで、戦前はむしろ左派に近かった農家が保守化した。だがこれと似た構図は持家政策にもあった。戦後空間シンポジウム02に登壇した平山洋介氏がその報告のなかで述べていたように、持家政策により労働者が住宅を取得することで有産者となり、政治的に保守化していく効果を政治家は狙っていた。農地の宅地化による所得移転の構造が追認され、持家建設と都心部における建設投資が内需振興の経済政策の一部として捉えられた。そうしてその全体が結局地価の上昇を煽った。

「一億総中流社会」の政治風土はこうして形成された。これがいわゆる五五年体制を支えた回路であり、戦後の高度経済成長期からバブル期にかけて、保守と革新の対立構図を規定した。第三章のテーマである革新自治体の動きもそのなかで現れたものであったろう。戦後を通じて土地と経済、土地と政治は相互に絡み合い、土地はその折々に生々しい焦点となってきた。

D　土地の資産化

都市において土地・空間は限られており、都市化が進行するなかでその有限の土地・空間に人間が集中した。一人当たりが占有できる土地・空間の面積は圧迫され、また占有をめぐり競合も起きた。そうして都市空間は高密度化し、これら構造的要因から土地の価格は上昇した。そのことは土地所有の性質に変化をもたらし、端的に言って戦後に土地は資産化した。つまり土地固有の実体に対して、経済的価値のリアリティが突出するようになった。

土地所有の歴史的意味

土地が資産である、とは当然のことに思えるかもしれない。しかし少し歴史をひもとけば、とてもそうは言えない。土地が資産となるためには土地の私的所有が成立していることが前提になるが、そもそも土地の所有の意味は歴史的にずいぶん変化してきた。土地の私的所有が成立し、資産になるための前提が満たされたのは、歴史的に見ればごく最近のことにすぎない（渡辺・五味編二〇〇二）。

そもそも土地を所有したからといって、土地の実体に何か具体的な変化が起きるわけではない。土地の所有は人間と人間のあいだの取り決めにすぎず、その実態はその時代の社会が規定する。近代以前において、土地とそこに住む人々は天皇のものと考えられていた。古代律令制は公地公民制を根幹とし、班田を人々に与えて租税を課し、死亡したものに割り当てられていた土地は公に返された。つまり当時、人々は実質的に土地の使用権を与えられていたにすぎず、それがその時代の土地所有の意味であった。そこから中世に向けて荘園のような私有的な性格を強めた土地のあり方が広がった。しかしそこでも土地は貴族や寺社に属していたのであって、個人が所有していたわけではなかった。近世にかけて、検地により土地がより属人的なものとして把握されるようになるが、そもそも検地は年貢の割り当てを管理するための制度であって、そこに明記される所有権は我々が想定する意味合いのものではない。まして封建制度において土地は都度都度上位のものにその占有権を認められねばならず、時に一方的に召し上げられることがありえた。これが近世の土地所有の実態であり、だからこそ明治維新直後の版籍奉還は、「版」つまり土地と「籍」つまり人々を預かる旧体制が、天皇にそれらを還すという形式をとった。

土地所有はそれを受けて仕切り直しされた。それが地租改正にともなう変化だ。近代化を急速に推し進めた明治政府は財政基盤安定化のため、収穫が不安定な米を租税基盤とする租税体系から、定められた地価を租税基盤とする、より安定的な租税体系に転ずる改革を行い、それにともない納税者となる土地の所有者を地券により確定させた。「日本臣民はその所有権を侵さるることなし」と明治憲法は明記し、土地の所有権はここで国家から離れて、排他的な私有の権利となった。現行憲法もこの所有権不可侵の原則を受け継ぎ、こうして現在の土地所有は成立した。

つまり、近代以前には私有的な土地所有はなかった。そして所有権に相当するものは実質的には租税負担の根拠だった。実際、近世に至るまでに水田や畑のような租税の対象となる土地の所有権は一定程度確立していたが、その周囲の入会地《いりあいち》においては漠然とムラの所有となっていただけで、荒地や山地については全く土地の所有者は定まっていなかった。奇妙に思えるかもしれないが、当時のムラとムラの境界は必ずしも接しておらず、そのあいだの土地は余白のようにあった。入会地も含めこれらの土地は租税の対象ではないから、租税のための所有権としてはそれで十分だったのだ。これに対して、明治の地租改正において政府は、あらゆる土地について余白なく所有者を確定し、所有者のない土地は国有とした。当然この過程では土地をめぐる紛争が多発したが、国家の財政基盤を確立するためこの改革はかなり強引に断行された（荒木田二〇二〇）。

そうしてようやく近代の土地の所有権は、排他的に占有し処分することが許される、一般の所有物と同様のものとなった。もちろん、不動産の所有権の移転には登記が必要であることなど、違いが全くないわけではない。しかし原則的には、所有物であるからには自由に売買し得るし、売買すれば値段がつき、それが土地の価値とみなされた。

農地であればその土地の生産力は土質などに左右されるにせよ一定の限界はあり、その価値もある程度の範囲に落ち着く。しかし近代化とともに土地利用の都市化が進むと、地価は立地条件に大きく左右されるようになった。商業適地の価値は高い。交通の便の良い宅地の価値は高い。そして価値の高い土地は有限で、需要は集中し、地価は高騰した。既に近世から都市内の土地使用権は高額で売買されていたが、近代化はそうした土地の範囲を爆発的に拡大し、その価値の振れ幅は甚だしいものとなった。

土地は経年劣化しないし、登記制度に保護されて保有リスクは低い。またとりわけ戦後においで土地需要は一貫して堅調であり、地価上昇は加速していた。こうした土地の性質は資産として絶好のものだった。既に見た「土地本位制」を誘導する経済制度・慣習が形成されるなかで、戦後日本の土地は資産化した。敢えて強調するが、土地が資産であることは当然なことではない。土地の資産化は日本の戦後資本主義形成過程において特異な意味がある。

土地の資産化は何をもたらしているのか

土地が資産として、所有物つまりモノと同様のものと見なされるようになった。しかし土地がモノ同様になるということは、一般のモノとは異なる土地の特殊性を無視することに他ならない。そのことが多くの歪みに帰結した。

土地は自然に存在し、基本的には増えることがない。まずはモノとの違いはこの点にある。山田良治氏が指摘していた資本主義社会における土地の所有権につきまとう原理的な矛盾はまさにその帰結だ。

そして資産は投機の対象となるが、人々の生活の基盤である土地が投機対象となれば資本が圧力となって生活基盤を圧迫し、社会問題を引き起こす。バブル期の「地上げ」はその分かりやすい例であった。

土地の価値はその周囲の土地の価値と深く関係し、周囲から独立してあるわけではない。だがそうした土地の属地域的性格は軽視されるようになった。公共性はここから問われなければならない。

以上の論点はここまで既に述べてきたことのおさらいにすぎない。だが土地の資産的性格が突出したところでさらに以下のような問題があらわれた。

まず大前提として、土地の価格が上昇すること自体は土地の実体を少しも変えない。ただそこに投入される金額が増大するだけだ。ブラックホールのように土地に金が吸い込まれ、そのこと自体は空間の豊かさにはつながらない。土地のコストが増大すればまずは広さを確保することが先行し、生活の空間の質は後回しになる。戦後空間の形成過程にはそのような側面があっただろう。

もちろん土地の売買において支払われた金は、売主の収入となり、それがまた経済を回すだろう。だから単純に無駄に金が費やされたとはいえない。だが地価の上昇が物価上昇を遥かに上回るペースで進むとき、人々の経済活動のなかで土地が占める割合はアンバランスに増大せざるをえない。一九五五年から二〇二〇年のあいだに地価総額は約一〇〇倍になり、消費者物価は約六倍になった。このふたつを直接比較するのは乱暴だが、いずれにせよそうして国富に占める土地資産の割合が諸外国に比べて特異に高い現在の日本社会が形成された。このことをどう理解すべきか戸惑うほかないが、我々の社会の現実に大きな影響を及ぼす特殊な条件である。

そして地価高騰により、人々が生活の場として手に入れることができる土地は小さくなり、その反面として土地は全体として細分化された。とりわけ戦後日本の場合、持ち家を通して自らが生活する土地を自己所有する割合が高かったから、土地の細分化はいっそう極端に進んだ。

そして土地の所有者が細分化すると、その土地が属する地域の問題の利害関係者は増え、そうでない場合と比べ意思決定を難しくする。意見は拡散し、合意形成は至難になり、その結果として地域の未来に向けた積極的な行動の足を引っ張る。

だが他方で、たとえば借家住まいが多数を占める場合に比べれば、小さいながらも土地を持つことは、その当事者性を介して人々が地域の問題への参画を増やすかもしれない。あるいは地域の意思決定のような組織だったかたちではないにせよ、むしろ各々の住民の日常の行動それ自体が、地域の未来像の創発的模索となっているのかもしれない。

こうした現実を前にして、短期的な視野では前者のネガティブな側面に目を奪われるが、より長期的な視野から後者のいわば「土地所有の民主化」に、ポジティブな期待を抱くこともあり得ないことではない。これもまたそう簡単に評価を下せる問題ではない。土地所有の状況はそう簡単には動かない現実であり、それが何をもたらしており、これから何をもたらすのか、我々はまだ十分意識できていないだろう。

「土地本位制」的経済の特殊な偏りと「土地所有の民主化」の困難と可能性は、土地の資産化がもたらしたふたつの面と言えるだろう。それらが何に帰結するのか問わねばならない。

4　戦後空間の行く末

戦後の空間は、近年曲がり角を迎えたのかもしれない。ここまで見てきた戦後空間のメカニズムに、変化があらわれているようにも見えるのだ。戦後と現在のあいだの距離を測りつつ、市街地と郊外住宅地の変調の兆候を確認してみたい。

都心の過熱と混乱

戦後の経済メカニズムはバブル期に極端な過熱をみた。この時期に新自由主義が日本でも台頭し、規制緩和と市場原理の重視が大方針になった。プラザ合意後の円高に対応するため内需拡大が叫ばれ、それが結局都心の土地・建築・都市への投資の加熱を引き起こした。そうして一九八五年から九一年のたった六年間に日本の地価総額は一〇〇〇兆円から二五〇〇兆円に急膨張した。

内需拡大はあくまで経済政策上の課題だが、それがとりわけバブル期に土地・建築・都市に強力に作用した。市街地再開発事業など公共事業への民間資本導入を進めた規制緩和も、国有企業の民営化に伴う公有地の処分も、基本的には景気対策として実施され、それが人々が実際に生活する空間を大きく変容させた。つまり、経済のために土地・建築・都市が手段として扱われ、翻弄されたのだった。バブル期に始まった市街地再開発事業への民間資本導入の流れは、バブル後にその勢いをむしろ加速して継続し、二〇〇二年の都市再生特別措置法で制度化されて最近の巨大再開発まで一直線につながっている。

山田氏が報告で述べた、土地所有の二重独占的性格を補完するための土地利用規制や投機化抑制政策の弱さ、そして根本的には土地と空間の公共的規範の未成熟が経済原理の先行を許し、現在はそれがより先鋭化している。都市計画法はその条文に「高度利用」という言葉を用いているが、その定義はない。漠然と都市空間の利用を高度なものとすることが求められているのは確かだが、その目標と手段の具体はあいまいだ（石田一九九〇b）。そしてその「高度利用」を推進するための都市再生特別措置法は、公共的な都市施設の整備と引き換えに、結局は容積率などにおいて大幅な規制緩和を認める特区を定めた。そうして実態としては、公共空間の質という本質的にとらえどころのないものは宙吊りのまま、賃料を稼ぎ出す床面積を最大化する経済の論理が追求された。特区とはいえそれはまさに既存都市の中心部であって、そこにおける歯止めのない規制緩和はこれまでの都市計画を歪め、あるいは形骸化するものだろう。戦後の都市計画が目指した成熟がかえって掻き乱されている、と考えざるを得ない現状がある。

郊外住宅地のスポンジ化

戦後の都市郊外のスプロール化において、農地が住宅地になり、住宅がびっしりと建ち並んだ。しかし人口減少が進む現在、そうした住宅地にしだいに空き家が目立つようになり、空地がそこかしこに放置される「スポンジ化」が社会問題化している。住宅地となったかつての農地に、いまさら農業が戻ってくることは考えにくい。農業が既にその姿を変えているからだ。

そうした場所ではしばしば住民の高齢化が進行し、住宅自体も老朽化が進んでいる。住民が減少していくことで交通や生活のインフラ維持が困難になる悪循環に入ってしまうと、これを立て直すことは容易ではない。これはかつて起こったことの単なる反転ではない。市街地と農地のエッジが単に満ち引きしているのではなく、そのあいだに取り残される空間の行く末が懸念されている。スポンジ化の負の側面を緩和し、スポンジ化が作り出す余剰の空間をポジティブに生かそうとする試みもあるが、そのかたわらで相も変わらず農地の宅地化が進行する現状があると、饗《あい》庭《ば》伸《しん》はシンポジウム06で指摘していた。郊外の持続性は既に危機的状態に陥りつつある。

置き去りにされた地方

農地は農業の収縮と変容のあとに置き去りにされた。農地は地方の土地のなかで大きな部分を占め、地方経済のなかで農業は依然として基軸的な産業だが、そのテコ入れは農業経営の不振に足を取られて進んでいない。農地は単に農業の場であるだけではなく、治水など防災上の役割も果たしてきたが、そうした基盤の維持も危うい。政策的なバックアップを受けて農地を環境関連の事業に再利用する動きもあるが、制度的歪みが多くの問題を派生させている。まして国土の三分の二を占める山林の状況は、国内の林業が外材輸入の自由化（一九六四）により産業として行き詰まり、さらに苦しい。こうして地方の土地は八方塞がりの閉塞《へいそく》に陥った。

農家の所得構造のなかで、農地の売却益が相当な比重を占めてきたことを既に見た。しかし郊外のスポンジ化が懸念されている現在、局所的にはともかく、大局的にはそれは過去のものだ。戦後に起こった農村社会から資本主義社会への急速な変化は、敢えて言うならば農地から人と土地を吸い上げることによってドライブされていた。そうして農地は痩せ細った。戦後空間のメカニズムが曲がり角を迎えるとき、農地と地方の可能性はどこに開かれるか、展望は見えない。

戦後空間の現実からの展望

土地を切り口として戦後の空間の現実を捉えることを試みてきた。都心では「高度利用」という実にあいまいな旗印の下、さまざまな規制緩和制度を駆使して勝ち逃げが競われ、農地は展望を失い立ち尽くし、そのあいだで郊外の宅地と住宅はたった一世代かそこらのあいだ使われたあげく、使い捨てられている。

戦後の空間において、都市と地方のあいだには一定の相互作用が働いていた。都市において高度経済成長が具体化し、社会的再分配を通じてその利益は地方にも流れ込み、そうして経済は一応の回路を形成していた。しかし現在の状況から見えてくるのは、その相互作用が分解し、それぞれが引き裂かれるように極端へと発散していく光景だ。都心を高度利用し農地を保全する、ということが戦後の土地政策の基本であったとするならば、都心の高度利用は都市空間の質とは結びつかずに床面積をひたすら積み上げることへと行き着き、農地は収縮して痩せ細った。

戦後の土地は、経済や政治のような土地とは異なる水準にある文脈に大きく振り回された。土地・空間そのものに固有の課題は無視された。土地の使用あるいは所有における社会的共通利益性はついに顧みられなかった。土地が資産になる、とはそのような事態の焦点だ。土地は社会の基盤であり、本来的に現行憲法が定める「公共の福祉」と深く結びついているはずだが、資産化した土地は経済的価値に偏重し、利益を求めてひた走る戦後空間の慣性は大きい。巨大な現実の勢いはそう簡単に止まるものではない。だが、そこから目を逸らしてやり過ごすことは、もうできなくなりつつある。これまでとは異なる状況を見せる現在において、我々の現実の特異さを直視し、そこから課題と可能性を展望しなければならない。もはや後回しにはできない問題がそこにある。

終章

引き裂かれる戦後空間

青井哲人

1　充足を超えて

あまねく行き渡らせる

人間が生きるうえで基本的な条件を「あまねく行き渡らせる」こと。本書が〈都市・建築・人間〉に着目して確認してきたのは、この戦後的な目標がつくる磁場の強さであったのだろう。実際、一九七〇年代には日本の貧困問題・就労問題はおおむね解消し、統計上は住宅を持てない人もいなくなった。過去にこれほど人々の生活が等しく豊かになったことはなかったし、これほど国土の隅々まで風景が変わったこともなかった。

国は、戦争を放棄したうえで（日本国憲法第二章）、諸種の自由、個人の尊厳、法の下の平等、生存権（健康で文化的な最低限度の生活を営む権利）などを全国民に保障するものとされた（同第三章）。これら普遍的価値は、しかし、そのままでは形を持たない。様々な利害をはらむ事業が、それら諸価値に紐づけられ正当性を持って実施されることを通して、実際の形はつくられてきたのだろう。また他方では、それら事業は過去の堆積としての現実の歴史的な粘りを無視しては進まない。ゆえに普遍的にみえた諸価値はいつも特殊な形をとって現れる。

戦後が日本史上最も変化の大きな時代のひとつであったことは誰も疑わないだろう。では過去の数々の激変と何が違うのか。中国的中央集権制の導入（古代）。国家の解体とその持続（中世）、商人資本の形成と官僚機構の構築（近世）。幕末明治における西欧的立憲君主制と自由主義＝帝国主義的経済の選択、戦争を重ねながら進んだ産業化と都市化（近代）。――戦後がそれらと決定的に違うのは、それらすべてを引きずりながら、普遍的なものを「あまねく行き渡らせる」ことを目指すプロジェクトであったことだろう。人間が享受すべき普遍的な諸価値の社会的保障を、帝国終焉後のすべての国民に、ゆえに国土の隅々にまで等しく充足させること。

開発国家の日本的形態

しかし、このプロジェクトは、充足の達成をもって完了、とはならなかった。本書を通じて問われているのはむしろこのことのほうだ。

戦後日本は、自由な競争か公平な分配かで政権交替を繰り返す、欧米先進諸国のような〈福祉国家〉ではなかった。むしろ、南米や東南アジア諸国、あるいはかつての韓国や台湾などに典型的にあてはまる、後進的な〈開発独裁国家〉に通じる。開発独裁は、国民の政治参加を抑制しながら経済発展を最優先する政治体制だ。独裁的であっても、発展の果実が分配されれば国民は保守化、非政治化し、政権は安定する。戦後日本に「独裁」という言葉を使うのは抵抗があろう。しかし、人格的独裁者の代わりに、内閣を頻繁にすげ替えることで一党支配を長期的に持続させる、一風変わった独裁だった。

安定した政府と企業が手を組む開発主義は、むろん、いかに資本を回し続けるかという命題を抱える。それは人々がどう生きるのか、とは別の問題であるが、開発主義は人々の生活環境を急速かつ強力に企業の製品とシステムに置き換えていく。戦後復興の槌音が響き始める一九五〇年代に早くも見えはじめた生活と商品の矛盾は、七〇年代に一定の量的充足が達成されると大きく、かつ疑われにくいものとなっていく。

これを批判的に検証するにあたっては様々な注意が必要だ。たとえば典型的な福祉国家ならば有効かもしれないイデオロギー闘争の図式を日本にあてはめても虚構になってしまう。また典型的な開発独裁国家のような指導者への下からの糾弾も、戦後日本では空々しく響きかねない。この国の開発主義は、「行き渡らせる」ことに現に一定の成功を収めたがゆえに、誰もが共犯的だからである。本書が歴史を「空間」として描くことを試みたのは、こうした点で戦後日本に迫るためのひとつの方法論の提示であった。以上の文脈から各章を振り返ってみよう。

戦後空間のなかの〈都市・建築・人間〉

第一章は、冷戦体制を背景に建築と文学の運動がいかに民衆に接近しようとしたのかを比べ、一九五三年には早くも両者が袂を分かちはじめることを明らかにしている。単純化して言えば、建築運動は開発にコミットしながらそこに民衆的な表現を与えるという屈折した回路を必要としたのだ。しかしその屈折は、リアルな社会へのコミットメントの経験を段階的に積み重ねることで解消され、新しい建築家像を育ててきたはずだ。

第二章は、住宅が一九七〇年頃にはその量的充足を達成したにもかかわらず、その後も多量に供給されつづけてきた事実に注意を促す。住宅の私有を「行き渡らせる」ことは開発主義の最重要政策のひとつだが、それは建てられ修繕される建築から、売買され廃棄される「商品」への住宅の変質をもたらした。だが私たちの環境のリアリティは、半建築／半商品というべき混成物であって、それが未来への出発点となるのだ。

第三章では、都市化が進むなかで、他ならぬ都市住民が、戦後的な理念に照らした自己認識＝政治意識を生み出したことに注目している。「革新自治体」はそれを形にする試みだった。当時萌芽した自律的な「まちづくり」の過激さは、国の開発独裁モデルの縮小再生産にも陥りかねない揺らぎのもとにあった。しかし、その緊張が建築家、都市プランナー、そして他ならぬ市民を育ててきたに違いない。

第四章は、生活の実体を置き去りにした経済の自走とイデオロギーの崩壊と戦後久しくなかった大震災がもたらした戦後空間の深い動揺を描き出している。そこに現れた空虚を埋めるかのようなオウム真理教の活動は、擬似的国家機構を含む自律的世界のシミュレーションともいうべき性格を有していたが、彼らの拠点であるサティアンが「商品」としての建材や機械の集積に他ならなかったこともまた示唆的である。

第五章は、戦後日本のアジア開発への関与に目を向け、戦前の帝国主義との連続性に注意しながら、一国主義的な「戦後空間」の国際的な貌《ぼう》を明らかにしている。「賠償・援助・振興」は、戦後的な普遍理念としての「平和」と捻《ねじ》れてつながった開発主義の別名である。それはアジア諸国の開発独裁と結びつき、建設の持つ政治的意義を肥大化させるとともに、各国の建築の生産的風土と個性的表現を生み出してきたのだろう。

第六章は、開発主義的な戦後日本を「土地」の視点から見直し、土地がそなえるべき公共性を漂白しながら進んだ土地の「商品化」を検証している。第二章はじめ他章で議論される〈都市・建築・人間〉の変容をその基盤的条件から問い直す章である。とりわけ農地解放を背景として進んだ市街地形成の最前線としてのモザイク状農地を間に置き、その両側に都心と農村を見る視角は、私たちが未来を構想する際にも基本的視座となるだろう。

2　充足から分断へ

冷戦体制の崩壊

次に、こうした戦後空間の背景的構造をなした冷戦体制とその崩壊を一瞥し、二一世紀の今日へとスケッチを進めていこう。

戦後空間をつくった普遍的価値と異様な生産力はともに冷戦体制と深く結びついていた。たとえば第一章の建築・文学等の運動体、第二章の住宅政策、第五章のアジア開発、第六章の農地解放などは世界編成としての冷戦を抜きにしては理解できない。また第五章は米ソを中心とする国際的な開発主義のネットワークとも呼べるものの存在を示唆している。第一章とあわせれば、諸種の建設事業だけでなく、学生・教員・研究者の交流、展覧会・批評・出版を通した技術と美学交換などの広範なプログラムをこのネットワークが含んでいたことが見えてくる。おそらく私たちの生活にかかわる多くの意識と物質が、冷戦体制と紐づいていたと考える必要があろう。それゆえ冷戦体制の崩壊がもたらしたインパクトの大きさと意味を測る作業も今後の重要課題である。

冷戦は、第二次世界大戦の戦後処理が生んだ体制であった。一九八〇年代の終わりから九〇年代のはじめは、それが限界を迎え、新しい体制への転換がはかられていく劇的な局面だった。遡れば先進諸国では六〇年代以降経済成長自体が思うに任せず、七〇年代のオイルショックの大打撃が〈福祉国家〉から〈新自由主義〉への転換の契機となった。社会主義圏は貧困と経済的不平等の深刻化にあえぎ、ソヴィエト連邦も内部分裂にたえられず一九九一年一二月に崩壊（ロシア連邦が成立）した。一九八九年一一月にはベルリンの壁も終わりを迎えていた。

「グローバリズム」という言葉が使われ出したのは一九九二年頃からである。冷戦体制の崩壊を捉え、すでに進行している新局面を言い当てようとしたものだった。当時の文脈では、アメリカ合衆国の無比の軍事力を背景として、世界を資本運動の自由で覆っていく「新自由主義」の勝利を指していた。

もちろん、世界が一色に塗りつぶされることはなかった。それどころか宗教勢力の席巻、権威主義国家群の台頭、とりわけ第五章が結びで強調する中国の経済的・政治的・軍事的躍進が目覚ましかった。二〇一三年にはオバマ米大統領がアメリカは世界の警察官ではないと発言し、二〇一七年には排外的な国益主義を掲げたトランプが大統領に当選した。

日本はといえば、オイルショックを切り抜けて貿易大国となった後、バブル崩壊を契機とする長期の不況にあえぎながら新自由主義への道を歩んできた。早いところでは中曽根康弘内閣(一〜三次、一九八二〜八七)の頃に萌芽するとも言われる日本の新自由主義は、小泉純一郎内閣(一〜三次、二〇〇一〜二〇〇六)をへて、安倍内閣(二〜四次、二〇一二〜二〇)へ至るプロセスとしてイメージできよう。その間、社会党を中心とする連立政権(一九九四〜九五)、民主党政権(二〇〇九〜一二)を間に挟みながら転換が図られてきた(なぜか阪神・淡路、東日本の両大震災は非自民政権の時に起きている)。今日の日本には、一九七〇年代後半からの経済大国としてのプライドはすでにない。

分断された風景

こうした状況を背景に、「あまねく行き渡らせる」ことを理想とする、均一に充填された空間イメージは放棄され、いくつもの層に「引きちぎられた」、分断的な空間の構成が顕わになってきたように思われる。

たとえばグローバルな都市間競争に晒された大都市の大規模再開発事業は、その論理も構造も世界のグローバル・シティと通底した出島のようである。他方でかねて過疎化・限界集落化の危機が叫ばれてきた田舎の村々に光が当たりはじめている。資金を投下しつづけることに躍起になって近い将来の廃墟群をつくり続ける都心と、長い歴史に錨を下ろして生態系と人間の関係を再構築するコミューナルな生活実験の前線となってきた田舎。

地方はすでに東京を追いかけることを望んでいない。地方都市に次々に個性的な公共施設がつくられている状況は、第三章の主題であった都市の自治意識、まちづくり運動、公共性の再構築をめぐる模索が、それぞれの意外に根強い歴史的文脈と接合されながら実を結ぶ段階に来たことを感じさせる。建築設計への市民参加も多様な実績が積み上げられてきた。

またどんな都市でも都心の中小オフィスビル街、雑居ビル街、住宅街ではリノベーションが当然になってきたし、田舎の村々でも空き家改修と移住が新しい村落共同体の姿を垣間見させつつある。スクラップ&ビルド一辺倒、都市化一辺倒の時代は終わった。

大規模プロジェクトの政治学

ここで大都市の事業群を一瞥しておこう。二一世紀の状況ということではＲＥＩＴ（不動産投資信託）のような金融商品を活用した、資金の流れと生活実体が遊離したマンション建設などは特徴的かもしれない。だがここでは東京の渋谷エリアや大阪の阿倍野筋《あべのすじ》エリアなどの大規模再開発事業を取り上げておこう。それらは駅ビル、駅前広場整備、超高層オフィスビル、ショッピングモール、タワーマンションなどを複合させたマッシブで複雑なプロジェクトであり、周囲から突出した異世界をつくっている。事業のメカニズムも特有のもので、まず前提的枠組みをつくっているのはタガの外れた規制緩和のパラダイスを都心に突然出現させるような都市再生特別地区制度と、大手デベロッパーの事業化能力との結合である。建物の設計は、高度に複雑な条件の扱いに長けた国内トップクラスの組織設計事務所やスーパーゼネコンの設計部が担っており、スターアーキテクト（国際的に著名な建築家）が参加して個性的な形態を与える場合もある。

いまや世界中のグローバル・シティで同様のプロジェクトが展開されている。各国の出島がルールを共有して競争しているということだ。ここに一瞥を加えたプロジェクトのメカニズムは、一言でいえばネオリベラリズムの経済＝政治に適合的な特殊な建築生産体制である。

都市的な意義の希薄なオリンピック

コロナ禍の影響を受け予定より一年遅れて開催された東京オリンピック（二〇二一年夏）もまた、グローバル・シティの今日的開発主義を展開させるチャンスだった。だが、それらはいわば二一世紀の一連の開発の一部以上ではなかった。都市を未来に向けてどう変えていくかという魅力ある骨太の構想はなかった。

オリンピック関連開発の焦点であった新国立競技場については、二〇一二年にはじまる一連の設計競技と建設の経緯が記憶に新しいが、最終的な設計体制は大規模再開発事業の場合と酷似していた。唯一違ったのは事業主体が独立行政法人日本スポーツ振興センターという公的機関であった点だが、設計条件等を決めるために彼らが組織した会議体にはスポーツ・音楽・広告業界の人々が集まり、都市や建築の公共性を議論できる見識ある専門家の名は見当たらなかった。ある意味で公共施設の新自由主義化を示唆する事例である。

分断の意義

先に指摘した国内の諸プロジェクトの分断は、要するにそれらが対象とする社会集団、意思決定の政治過程、設計・施工の生産体系、竣工後の運営形態など、すべての条件が互いに異質でほとんど関係をもたなくなってきた状況である。それは、たしかに全体的ヴィジョンの欠落を物語る。そして、対話や連携への諦めがある。それは私たちの生きる環境がいよいよ調停なしに引き裂かれる状況であって、それ自体は決して歓迎すべきことではない。

しかし他方で、関心のないフィールドには手を伸ばさない新自由主義体制には、ひょっとするとかつての開発独裁的な体制よりも、人びとが空間と社会を独自に組み替えていける相対的な自由がある、ということかもしれない。今日の一見無関係な多層的な動きは、その意味では当面の可能性でもあろう。

3　破壊される戦後空間

東日本大震災

二〇一一年三月一一日、東北地方太平洋沖地震を引き金として一連の複合的な災害が起きた。「東日本大震災」は、これらの総体を指す名称であり、死者・行方不明者は二万二〇〇〇名を超えた。もっとも地震それ自体による建物被害は技術開発と制度基準の強化によりかなり小さく抑えられた。明治末からの分厚い取り組みの成果だ。

だが津波は甚大な被害を出した。多様なメディアを介して国内外に流れた凄惨な津波被害の映像はいまなお記憶に新しい。加えて物流や生産拠点の機能不全は国内だけでなく海外にも影響を及ぼした。東京では交通機関の麻痺により膨大な帰宅困難者が出た。そして福島第一原子力発電所事故災害はいまも出口が見えない。いま簡潔に列記した災害現象のすべてが、戦後空間が地方の都市と港湾、漁村と漁港、そして首都や生産・流通拠点につくり出してきた構築環境の総量と、システム的な巨大さと、その脆弱さを印象づけた。

地震や津波そのものはたんなる自然現象である。それが人間の構築環境を襲えば被害が出るが、復興が終わるまでの全経験が「災害」である。つまり、どんな構築環境なのかによって、災害は大いに違ってくる。建設に投資した分だけ壊れた時の損害は大きいし、技術的に高度で複雑な原子力発電所は巨大な潜在的リスクを災害として出力してしまった。災害はその国や地域の歴史的性格をあぶり出す社会現象なのだ。

私たちが見てきたのは、戦後が生み出した災害であり、同時に戦後空間が破壊される光景である。

技術と政治が災害をつくる

当然、復興を進めようとする社会の性質も、そこに働く政治の性格も、災害を変える。「コンクリートから人へ」を謳い、官民の連携による新しい公共性、公を担う市民自治の重要性を掲げてきた民主党が東日本大震災の復興政策を描いたことの意味は、自民党の開発主義と比較検証されてしかるべきだろう。菅直人首相はまた原発事故の対応に奔走し、震災の年の七月に「脱原発」を宣言した。その民主党が、早くも二〇一二年一一月には下野し、以後の自民党政権は再び安定を確立してしまった感がある。震災一〇年を迎える頃、それまでタブー視されていた原発再稼働が政権の口の端に上りはじめた。

津波被災地の復興は、地方都市や村落なりの民主的なプロセスを各々歩んだが、同時に時代錯誤と思われるような開発主義の傾向もみられた。防潮堤建設、嵩上《かさあ》げ区画整理、高台移転のすべてを過大とも思われる規模で推し進める光景もあった。陸前高田市はその一例だが、同市には津波災害の記憶を継承する「高田松原津波復興祈念公園」（内藤廣設計）が二〇二一年に完成した。ここを訪れれば誰もが「広島平和記念公園」（丹下健三設計、一九五五年）からの約七〇年を考えずにはおれないはずだ。

見えない災害

その歴史的連想は福島にもつながっていく。そして福島が問いかける戦後空間の姿はさらに複雑で多面的である。

事故を起こした原発が建設されたのは、首都圏が消費する電力のためだ。福島の地域社会もこの巨大な捻れの理由を知っている。さらに、原発は軍事利用につながるとして批判されることもあれば、それが戦争抑止力になるのだともいわれる。日本は被爆国で、広島と長崎が原子力爆弾を落とされたが、日本は帝国主義的な侵略者であって、それが第五章の賠償・援助につながる。沖縄では基地の集中ゆえに「振興」体制が敷かれてきたが、福島のような原発被災地もまた「振興」的開発の対象であった。

政府は福島の原発被災地で除染事業を実施した。環境省所管事業である除染は、土壌・大気・水質の汚染、つまり公害の歴史を受け継ぐものだ。水俣病（一九五六年発生確認）をはじめとする公害は開発主義の裏面であり、いわゆる公害闘争も含めて戦後空間の無視できない一部分であるが、本書では扱えなかった。そこで以下、福島の除染事業が投げかける膨大な問題群のひとつを素描しておきたい。

戦後の理念は、人間―環境の今日的関係を扱えるか

福島の放射能災害の場合、除染の対象範囲は宅地、農地、生活道路であり、そして山林についてはそれらから二〇メートルまでの範囲に限定されている。このマニュアルの根拠は、住民の年間被曝量を基準値以下に抑えることに置かれている。「健康」な生活は憲法が保障している。国家が見ているのはあくまでも人間の身体なのだ。

だが、放射能（放射性物質）は人間のことを考えて動くわけではない。たんに重力に従って環境内を滑り落ちていくのである。その環境は固有の地形と土壌、そこに人が手を入れてつくりあげた溜池・用水路・堤・水田などの構築物、そして様々な植物や動物や昆虫、菌類や微生物やウイルスなどからなる。放射性物質は、滑り落ちながら出会う物質に吸着されたり、有機体に残留したりする。それでも除染事業は人間身体を焦点として行われるほかなく、人間‐環境系へのトータルな対処は許容されない。人権は戦後の普遍的な理念だが、こうした問題においては軛《くびき》としても働きうる。

マスコミの報道も、現実を見据えられない。よくできたルポルタージュやTVドキュメンタリ

ーも、巨大な力（国家または東電と放射能汚染）とひとりひとりの脆弱な個人や家族（被災者）という単純化された構図に訴え続ける。政府・東電の混乱か、被災者の苦悩・格闘か。その二極のあいだを接合する努力は希薄だ。放射能をめぐる科学的知識と除染政策との関係、地元役場や企業、住民グループの様々な意欲的な活動などに踏み込んで矛盾と可能性を描く努力は払われない。国民と国家、あるいは国民と大企業という図式の反復は、「戦後空間」が鋳造した思考様式の遺制ではないか。

引き裂かれるモジュール

言い換えれば、戦後空間が保障してきたのは個人ないし家族であって、その生存環境を保障する、というのが戦後空間の基本的なモジュール（単位）の設定だったのだろう。それは経済成長のため、開発のため、人口の最適配置を実現していく戦後的な流動性の条件でもあった。もちろん、それは中間的な様々な紐帯を解体してきた。

福島県浜通りのある集落では、近世の初期から一九九〇年代まで集落の戸数は一五で一定していたことが古文書から分かると聞いた。これが溜池で灌漑《かんがい》される農地が養える世帯数だったのだ。集落が外部世界から孤立していたということではもちろんない。だが基本的な生活のまとまりは、地形と共同体の一致がつくっていた。

その小宇宙の内実を複雑化させたのが戦後である。一九六〇年代、浜通り・中通りの零細農家では産業化・商品化への対応と子どもの教育費を工面するため、東京への出稼ぎが活発化した。しかし七三年に福島第一原発が運転を始め、諸種企業の誘致も進むと、いわば出稼ぎが地域に内部化されるようになった。改良された稲苗《とうびょう》、肥料と農薬、農業機械が購入されて農業は省力化されたが赤字になった。村々の生活が、外部と接続できる部分を切り出し、外部を招き入れていくプロセスは、じつはきわめてドラスティックである。田舎の村々にとって戦後とは、空間と社会が巨大な力に切り裂かれて内外がかき混ぜられる時代であった。交錯する力の線に沿って、村は子どもたちを送り出し、移住者を迎え入れてもいる。戦後がつくった桎梏と自由とが今日の村々にはもろともにある。村の人々はそのことに自覚的である。原発事故という苛烈な出来事は避難者たちにそれぞれの戦後史を括《くく》ることを迫ったはずである。

世界とつながった身体

二〇一九年末に始まり二〇二三年初頭の今なお終息していない新型コロナ感染症（COVID－19）の流行も、国民の身体が国家の関心に直に晒《さら》される事態であった。マスク、ディスタンス、検査、ワクチン。国民、いや世界中の人々が同じ振る舞いを共有していることを、マスメディアからSNSまであらゆる媒体を通して知るのは異様な経験だった。

日本政府は二〇二〇年から二一年にかけて四度の緊急事態宣言を発出した。その際、国民の身体を守るために社会を撤退させる先が住宅や家族であることが当然視されているのには静かな驚きを覚えた。家族は万能ではないし、家族の外側に広い世界を築いている個人が家族に閉じ込められれば普通ではいられない。他方で家族から排除されたり虐げられている人々は、果たして誰に救われたのだろうか。自明と思われた単位が自明でないことに気づいた人は少なくなかっただろう。まもなく新築建売住宅が取って付けたようなコロナ対応の間取りになり、リモートワークが市民権を得てオフィスの再編が進み、そして都会から田舎への移住者が増えた。二二年二月に始まったロシアのウクライナ侵攻が追い打ちをかけ、世界は閉塞した気分と、そして建材や工賃を含むあらゆる物価の高騰を経験しつつある。どんな意味があるのかも分からぬまま、こうした動向はいつも生活環境にフィードバックされる。

ウクライナの戦争もまた、異なる確度から私たちの身体と環境の問い直しを迫っている。兵士や民衆は武器に晒されているだけではない。彼らの身体には世界の大国がつながっており、国々の武器供給や世論が戦局を刻々と変えている。サイバー攻撃、情報戦に加えて経済制裁もまた軍事過程の一部である。私たちの日常もある日突然戦場になりうる。それは今日、私たちの身体がどの瞬間にも国際的な利害に由来する力の作用を受けるということである。

国家、都市、村、家族、身体。戦後空間がつくりあげてきたものに取り巻かれながら、それを出発点として、私たちは自らが生きる空間をどう組み替えていけるのだろうか。この問いは今日切実さを増している。戦後空間は終わらない。

参考文献

第一章

小熊英二（二〇〇二）『〈民主〉と〈愛国〉――戦後日本のナショナリズムと公共性』新曜社
神代雄一郎（一九五四）「戦後の日本建築と世界」『建築雑誌』一九五四年一月号
近代文学同人編（一九六八）『近代文学の軌跡――戦後文学の批判と確認』豊島書房
現在の会編（一九五五）『ルポルタージュとは何か』柏林書房
建築研究団体連絡会編（一九五六）『建築をみんなで』建材新聞社建築文化部
白井晟一（一九五六）「縄文的なるもの――江川氏旧韮山館について」『新建築』一九五六年八月号
平良敬一（二〇一六）「平良敬一〔1926-〕運動の媒体としてのジャーナリズム」聞き手：青井哲人・橋本純・石榑督和、二〇一六年一一月一日インタビュー実施、ウェブマガジン『建築討論』日本建築学会、二〇一六年一一月
瀧口修造・花田清輝・佐々木基一・末松正樹・安倍公房・針生一郎（一九五五）「メキシコ美術展をめぐって」『美術批評』第四六号、一九五五年一〇月
丹下健三・藤森照信『丹下健三』新建築社、二〇〇二年
辻泰岳（二〇二一）『鈍色の戦後――芸術運動と展示空間の歴史』水声社
鳥羽耕史（二〇〇七）『運動体・安部公房』一葉社
鳥羽耕史（二〇一〇）『一九五〇年代――「記録」の時代』河出書房新社
鳥羽耕史ほか（二〇一九）『転形期のメディオロジー――一九五〇年代日本の芸術とメディアの再編成』森話社
中谷いずみ（二〇一三）『その「民衆」とは誰なのか――ジェンダー・階級・アイデンティティ』青弓社

中谷礼仁（一九九三）『国学・明治・建築家――近代「日本国」建築の系譜をめぐって』波乗社
日埜直彦（二〇二一）『日本近現代建築の歴史――明治維新から現代まで』講談社選書メチエ
布野修司（一九八一）『戦後建築論ノート』相模書房
本多昭一（二〇〇三）『近代日本建築運動史』松井昭光監修、ドメス出版
道場親信（二〇一六）『下丸子文化集団とその時代――一九五〇年代サークル文化運動の光芒』みすず書房
Ken Tadashi Oshima(2010), *International Architecture in Interwar Japan: Constructing Kokusai Kenchiku,* University of Washington Press

第二章

一般財団法人日本木材総合情報センター（二〇一四）「木造住宅の木材使用量調査事業報告書」
太田博太郎（一九六六）『書院造』東京大学出版会
太田博太郎・西和夫・藤井恵介編（一九九六）『太田博太郎と語る　日本建築の歴史と魅力』彰国社
大西淳也・梅田宙（二〇一九）「耐用年数についての論点整理」財務省財務総合政策研究所総務研究部
大本圭野（一九九一）『証言　日本の住宅政策』日本評論社
大本圭野（二〇〇五）「占領期の住宅政策（一）」『東京経済大学会誌』第二四七号
大本圭野・戒能通厚編／早川和男編集代表（一九九六）『講座　現代居住1　歴史と思想』東京大学出版会
菊谷正人・酒井翔子（二〇一一）「英国税法における減価償却制度の特徴――減価償却制度の日英比較」『経営志林』第四八巻三号
小松幸夫（二〇一六）「建物の寿命と耐用年数」『鑑定おおさか』第四六号
小松幸夫・加藤裕久・吉田倬郎・野城智也（一九九二）「わが国における各種住宅の寿命分布に関する調査報告――一九八七年固定資産台帳に基づく推計」『日本建築学会計画系論文報告集』第四三九号
笹山晴生・五味文彦・佐藤信・高埜利彦（二〇一七）『詳説日本史B　改訂版』山川出版社

笹山晴生・五味文彦・鳥海靖・吉田伸之（二〇〇七）『詳説日本史史料集 再訂版』山川出版社
友澤史紀（一九九九）「建築コンクリート技術の変遷と将来展望」『コンクリート工学』第三七巻一号
檜谷美恵子・住田昌二（一九八八）「住宅所有形態の変容過程に関する研究　その二」『日本建築学会計画系論文報告集』第三九二号
平山洋介（二〇〇九）『住宅政策のどこが問題か――〈持家社会〉の次を展望する』光文社新書
藤澤好一・大野勝彦・安藤正雄・松留慎一郎・松村秀一・遠藤和義（一九八六）「木造軸組工法における躯体の部品に関する研究（梗概）」『住宅建築研究所報一九八五』
松村秀一（一九九九）『「住宅」という考え方――二〇世紀的住宅の系譜』東京大学出版会
松村秀一・権藤智之・佐藤考一・森田芳朗・江口亨（二〇一三）「プレハブ住宅メーカーの住宅事業開始初期の技術開発に関する研究」『日本建築学会計画系論文報告集』第六九三号
米山鈞一・奥山茂樹・坂元左（一九八七）『耐用年数通達逐条解説〈62年版〉』税務研究会出版局
「第一部第三章第三節　木材産業の動向（七）」『令和元年（二〇二〇年）度　森林・林業白書』
「日刊木材新聞（電子版）」第一八六九号
『不動産業ビジョン２０３０参考資料集』国土交通省、二〇一九年
「減価償却資産の耐用年数等に関する省令　別表第一　減価償却資産の耐用年数等に関する省令に掲げる耐用年数表」（令和二年財務省令第五十六号による改正版）「e-Gov 法令検索」https://elaws.e-gov.go.jp/document?lawid=340M50000040015

第三章

飛鳥田一雄編（一九六五）『自治体改革の理論的展望』日本評論社
飛鳥田一雄編（一九七一）『自治体改革の実践的展望』日本評論社
石田頼房（一九七一）「革新自治体の都市計画」西山夘三編『講座　現代日本の都市問題2　都市計画と町づく

り』汐文社
石田頼房（二〇〇四）『日本近現代都市計画の展開　1868―2003』自治体研究社
岩崎駿介（二〇一三）『一語一絵――地球を生きる』上、明石書店
及川智洋（二〇二一）『戦後日本の「革新」勢力――抵抗と衰亡の政治史』ミネルヴァ書房
岡田一郎（二〇一六）『革新自治体――熱狂と挫折に何を学ぶか』中央公論新社
自由民主党都市政策調査会編（一九六八）『都市政策大綱――中間報告』自由民主党広報委員会出版局
進藤兵（二〇〇四）「革新自治体」渡辺治編『高度成長と企業社会』吉川弘文館
全国革新市長会・地方自治センター編（一九九〇）『資料　革新自治体』日本評論社
田村明（一九六二）「地域計画機関のあり方について」環境開発センター
田村明（一九七一）「革新都市づくりの方法論」飛鳥田一雄編『自治体改革の実践的展望』日本評論社
田村明（一九七七）『都市を計画する』岩波書店
田村明（一九七八）「計画の組織づくりと困難の打開」『SD別冊11　横浜＝都市計画の実践的手法――その都市づくりのあゆみ』
田村明（一九八二）「都市・自治体行政の総合化――まちづくりの総合システムの確立」『ジュリスト増刊総合特集27　都市の魅力――創造と再発見』
田村明（二〇〇六）『都市プランナー田村明の闘い――横浜〝市民の政府〟をめざして』学芸出版社
土山希美枝（二〇〇七）『高度成長期「都市政策」の政治過程』日本評論社
東京都（一九六九）『東京都中期計画－1968年――いかにしてシビル・ミニマムに到達するか』東京都
東京都（一九七八）『低成長社会と都政』東京都
東京都企画調整局調整部編（一九七一）『広場と青空の東京構想　試案1971』東京都
都市デザイン研究体（一九七一）「日本の広場」『建築文化』第二九八号
都市デザイン研究体（二〇〇九）『復刻版　日本の広場』彰国社

中沢誠一郎・上林博雄・窪田祐・川岸繁夫（一九六八）「建築の眼　政党の都市政策」『建築と社会』四九巻九号
日本建築学会編（二〇〇四）『まちづくりの方法（まちづくり教科書第一巻）』丸善
林泰義（一九八四）「まちづくりプランナーの役割」『新都市』三八巻六号
広原盛明（二〇一一）『日本型コミュニティ政策――東京・横浜・武蔵野の経験』晃洋書房
福川裕一（一九九二）「第9章　革新都政の描いた唯一のビジョン――広場と青空の東京構想（一九七一年）」石田頼房編『未完の東京計画――実現しなかった計画の計画史』筑摩書房
松下圭一（二〇〇七）「構造改革論争と《党近代化》」北岡和義責任編集『政治家の人間力――江田三郎への手紙』明石書店
宮本憲一（一九七五）「現代の都市自治体の位置と役割」『ジュリスト増刊総合特集1　現代都市と自治』有斐閣
横浜市総務局編（一九六五）『横浜の都市づくり――市民がつくる横浜の未来』横浜市

第四章

安藤元夫（二〇〇四）『阪神・淡路大震災――復興都市計画事業・まちづくり』学芸出版社
石山修武（一九八二）『バラック浄土』相模書房
石山修武（一九八四）『「秋葉原」感覚で住宅を考える』晶文社
石山修武（一九九四）『世界一のまちづくりだ』晶文社
稲本洋之介（一九九六）「地価バブルと土地政策――1985-1995」東京大学社会科学研究所
井上順孝責任編集／宗教情報リサーチセンター編（二〇一一）『情報時代のオウム真理教』春秋社
大友克洋（一九八二―九〇）「AKIRA」『週刊ヤングマガジン』連載
ギブスン、ウィリアム（一九八六）『ニューロマンサー』早川書房
クルーグマン、ポール（一九九八）『クルーグマン教授の経済入門』山形浩生訳、メディアワークス
月刊アクロス編集室編著（一九八七）『「東京」の侵略――首都改造計画は何を生むのか』PARCO出版

古賀義章（二〇一五）『アット・オウム――向こう側から見た世界』ポット出版
サッセン、サスキア（二〇〇八）『グローバル・シティ』筑摩書房
永野健二（二〇一六）『バブル――日本迷走の原点』新潮社
阪神・淡路大震災復興フォローアップ委員会監修・兵庫県（二〇〇九）『伝える――阪神・淡路大震災の教訓』ぎょうせい
藤原新也（一九七二）『印度放浪』朝日新聞社
藤原新也（一九八三）『東京漂流』情報センター出版局
藤原新也（二〇〇六）『黄泉の犬』文藝春秋
宮崎学（一九九八）『突破者それから』徳間書店
『一九九六年（平成八年）版　外交青書』
https://www.mofa.go.jp/mofaj/gaiko/bluebook/96/index.html（二〇二一年四月一日閲覧）

第五章

秋山道宏（二〇一五）「沖縄経済の現状と島ぐるみの運動――建設業界を対象に」『日本の科学者』五〇巻六号
荒木光弥（二〇二〇）『国際協力の戦後史』末廣昭・宮城大蔵・千野境子・高木佑輔編、東洋経済新報社
五十嵐太郎＋東北大学都市・建築理論研究室（二〇一七）『日本の建築家はなぜ世界で愛されるのか』ＰＨＰ研究所
磯崎新・原広司・布野修司（一九九五）「アジア建築と日本の行方」『建築思潮03　アジア夢幻』学芸出版社
小熊英二（一九九五）『単一民族神話の起源――〈日本人の自画像の系譜〉』新曜社
海外建設協会事務局編（二〇〇七）『海外建設協会五〇年史』海外建設協会
柄谷行人（一九九五）「一九七〇年＝昭和四五年――近代日本の言説空間」『終焉をめぐって』講談社学術文庫
島袋純（二〇一〇）「沖縄の自治の未来」宮本憲一・川瀬光義編『沖縄論――平和・環境・自治の島へ』岩波書

店
西澤泰彦（二〇〇九）『日本の植民地建築——帝国に築かれたネットワーク』河出書房新社
林理介（一九九九）「インドネシア賠償」永野慎一郎・近藤正臣編『日本の戦後賠償——アジア経済協力の出発』勁草書房
布野修司（一九九八）「近代日本の建築とアジア」『布野修司建築論集Ⅰ　廃墟とバラック——建築のアジア』彰国社
宮城大蔵（二〇一七）『増補　海洋国家日本の戦後史——アジア変貌の軌跡を読み解く』ちくま学芸文庫
モーア、アーロン（二〇一五）「「大東亜」の建設から「アジアの開発」へ——日本エンジニアリングと、ポストコロニアル／冷戦期のアジア開発についての言説」塚原東吾訳、『現代思想』二〇一五年八月号
モーア、アーロン・S（二〇一九）『「大東亜」を建設する——帝国日本の技術とイデオロギー』塚原東吾監訳、人文書院
「我が国建設業の海外展開戦略研究会」報告書、二〇〇六年

第六章

荒木田岳（二〇二〇）『村の日本近代史』ちくま新書
石田頼房（一九九〇ａ）『都市農業と土地利用計画』日本経済評論社
石田頼房（一九九〇ｂ）『大都市の土地問題と政策』日本評論社
岩田規久男・小林重敬・福井秀夫（一九九二）『都市と土地の理論』ぎょうせい
岩本純明（二〇〇二）「戦後の土地所有と土地規範」渡辺尚志・五味文彦編『新体系日本史３　土地所有史』山川出版社
勝又済（二〇〇七）「建て替え誘導を通じた郊外既成ミニ開発住宅地の居住環境整備論」『国総研研究報告』第三二号

窪田亜矢（二〇二一）「「都市における『公園』」の再考　事例研究――繁華街・渋谷における宮下公園の変容」『日本建築学会計画系論文集』第七八一号
権安里（二〇一八）『公共的なるもの――アーレントと戦後日本』作品社
齋藤純一（二〇〇〇）『公共性』岩波書店
砂原庸介（二〇一八）『新築がお好きですか？――日本における住宅と政治』ミネルヴァ書房
高嶋修一（二〇一三）『都市近郊の耕地整理と地域社会――東京・世田谷の郊外開発』日本経済評論社
田原嗣郎（一九八八）「日本の「公・私」」上・下、『文学』第五六巻九号・一〇号
鶴田佳子・佐藤圭二（一九九五）「近代都市計画初期における一九一九年都市計画法第一二条認可土地区画整理による市街地開発に関する研究――東京、大阪、名古屋、神戸の比較を通して」『日本建築学会計画計論文集』第四七〇号
沼尻晃伸（二〇〇二）『工場立地と都市計画――日本都市形成の特質1905-1954』東京大学出版会
萩野芳夫（二〇一四）「公共の福祉」『世界大百科辞典』平凡社
法令用語研究会編（二〇二〇）『法律用語辞典』第五版、有斐閣
山田良治（一九九六）『土地・持家コンプレックス』日本経済評論社
山田良治（二〇一〇）『私的空間と公共性』日本経済評論社
渡辺尚志・五味文彦編（二〇〇二）『新体系日本史3 土地所有史』山川出版社

関連年表　※丸数字は関連する章を示す

	建築・都市・土地をめぐる動き	その他の出来事
1873		地租改正（⑥）
1899	耕地整理法制定（⑥）	
1914		第一次世界大戦勃発（～1918）
1916		ロシア革命
1919	都市計画法・市街地建築物法制定（③⑥）	
1920	分離派建築会結成（①）	
1921		中国共産党成立
1922		ソヴィエト連邦成立
1923	帝都復興院発足 創宇社建築会結成（①）	関東大震災起こる
1924	同潤会設立	
1928	CIAM（近代建築国際会議）成立	全日本無産者芸術連盟（ナップ）結成
1929		世界恐慌起こる
1930	新興建築家連盟結成（①）	
1931		満州事変（翌年、満州国成立） 日本プロレタリア文化連盟（コップ）結成
1933		日本が国際連盟脱退
1936	日本工作文化連盟結成（①）	
1937	防空法制定 鉄鋼工作物築造許可規則公布	日中戦争勃発
1938		国家総動員法公布
1939	防空建築規則公布 木造建物建築統制規則施行	第二次世界大戦勃発（～1945）
1940		日独伊三国同盟成立 大政翼賛会成立
1941		太平洋戦争勃発
1942		食糧管理法制定（⑥）
1943	工作物築造統制規則施行 都市疎開実施要綱閣議決定	坂口安吾『日本文化私観』

	建築・都市・土地をめぐる動き	その他の出来事
1945	戦災復興院発足 戦災地復興計画基本方針閣議決定 住宅緊急措置令公布 300万戸建設5カ年計画発表	三木清獄死 ポツダム宣言受諾 新日本文学会結成（雑誌『新日本文学』創刊）（①）
1946	地代家賃統制令公布（②⑥） 住宅営団閉鎖（②） 財産税の徴収（⑥） 住文化協会、日本建築文化連盟、日本民主建築会発足（①）	日本国憲法公布
1947	新日本建築家集団（NAU）結成、マルクス主義建築運動盛んに（①） 民法改正（相続税・贈与税の課税強化） 農地改革行われる（⑥）	農業協同組合法制定（⑥）
1948	建設省発足	福井地震起こる
1949	広島平和記念会館竣工（丹下健三設計）（①）	中華人民共和国成立（⑤） 下山事件起こる
1950	農村建築研究会発足（①） 住宅金融公庫設立（②） 建築基準法・建築士法公布 固定資産税創設（⑥）	コミンフォルム批判（①） 朝鮮戦争勃発（①②⑤） 雑誌『人民文学』創刊（①）
1951	公営住宅法公布（②）	
1952	農地法制定（⑥）	サンフランシスコ講和条約発効（⑤）
1953		朝鮮戦争休戦（①②⑤）
1954	計画建売制度導入（②） 「賠償工事第一号」としてビルマでバルーチャン第二水力発電所第一期工事が着工（⑤） 土地区画整理法制定（⑥）	自衛隊発足 高度経済成長はじまる（①②③⑥）
1955	日本住宅公団設立（②） 海外建設協力会設立（⑤） 広島平和記念資料館 竣工・開館（丹下健三設計）	アジアアフリカ会議がインドネシア、バンドンで開催

	建築・都市・土地をめぐる動き	その他の出来事
1956	日本道路公団設立 四谷コーポラス竣工（②） 雑誌『建築文化』、特集「建築設計家として民衆をどう把握するか」で池辺陽、西山夘三、丹下健三などにより民衆論争（①）	経済白書「もはや戦後ではない」（②） スターリン批判
1957	丹下健三設計、東京都庁舎竣工。翌年香川県庁舎竣工、コアシステム	
1959		伊勢湾台風による甚大な被害、建築の不燃化進む
1960	世界デザイン会議開催 国勢調査集計カテゴリーに人口集中地区（DID）追加（⑥） メタボリズム・グループ発足（菊竹清訓プロジェクト「海上都市」など）	日米安保条約改定 国民所得倍増計画発表
1961	丹下健三「東京計画 1960」発表（③） 農業基本法制定（⑥）	
1962	全国総合開発計画策定（③⑥）	
1963	区分所有法施行（②）	飛鳥田一雄、横浜市長当選（③）
1964		東京オリンピック開催 新潟地震起こる
1965	地方住宅供給公社法制定（②）	ベトナム戦争勃発 日韓基本条約締結（⑤）
1966	住宅建設計画法制定（②）	
1967	公害対策基本法制定	美濃部亮吉、東京都知事当選（③） ASEAN 設立
1968	都市計画法（新法）制定（③⑥） 自由民主党『都市政策大綱（中間報告）』発表（③）	十勝沖地震起こる
1969	新全国総合開発計画発表（③⑥） 都市再開発法制定	新宿駅西口広場フォークゲリラ（③） 自主流通米制度発足
1970	『革新都市づくり綱領』発表（③）	大阪万博 よど号ハイジャック事件 東京で初の大がかりな歩行者天国はじまる（③）

	建築・都市・土地をめぐる動き	その他の出来事
1971	『広場と青空の東京構想（試案）』策定（③） 総合設計制度発足（③）	
1972	旭川『平和通買物公園』（③） ウィスマ・ヌサンタラビル（インドネシア）竣工（⑤） 倉田康男、鈴木博之、石山修武らサマーセミナー「高山建築学校」岐阜の山中で開講（④）	沖縄、本土復帰（⑤） 日中国交正常化（⑤） 藤原新也『インド放浪』刊行（④） 浅間山荘事件・新左翼運動閉塞へ
1973		第一次オイルショック起こる 高度経済成長収束
1974	『日本近代建築史再考 虚構の崩壊』（『新建築』臨時増刊）刊行（①） 藤森照信、堀勇良「建築探偵団」結成	三菱重工爆破事件など連続企業爆破事件発生
1975		沖縄海洋博開催（⑤）
1976	宮川工機、プレカット機械で中堅・中小企業新機械開発賞受賞（②）	
1977	第三次全国総合開発計画閣議決定（⑥）	
1978	チャールズ・ジェンクス『ポスト・モダニズムの建築言語』日本語版刊行。ポストモダン建築台頭（④）	
1979		第二次オイルショック起こる
1980	第二次「革新都市づくり綱領」発表（③） 地区計画制度創設	
1982	石山修武『バラック浄土』刊行（④）	大友克洋『AKIRA』が連載開始（～1990）（④）
1983	つくばセンタービル竣工	
1984	中日友好医院（北京）竣工（⑤）	
1985	旧国土庁大都市圏整備局監修『首都改造計画』発表（④）	プラザ合意・急激な円高・バブル経済はじまる（④） オウム真理教、「オウム神仙の会」として活動開始（④）

	建築・都市・土地をめぐる動き	その他の出来事
1986	民活法制定（⑥） アークヒルズ竣工（森ビル）、東京の再開発盛ん（④）	チェルノブイリ原発事故起こる
1987	再開発地区計画制度発足（⑥） キリンプラザ大阪竣工（設計高松伸）（④）	
1988	丸の内マンハッタン計画発表（三菱地所）（④）	
1989	スーパードライホール（基本設計フィリップ・スタルク）、ホテル・イル・パラッツオ（基本設計アルド・ロッシ）など竣工、ポストモダン建築盛ん（④）	昭和天皇崩御。平成に改元 ベルリンの壁崩壊（④） 日本のODA拠出額が世界一位に（⑤） オウム真理教、上九一色村に宗教施設サティアン群の建設開始（のちに第7サティアンにてサリン製造）（④）
1990	中日青年交流センター（北京）竣工（⑤）	旧大蔵省、バブル経済の行き過ぎに対して土地関連融資の総量規制に踏み切る。バブル沈静化とともに不良債権化。以降長期にわたる日本経済の泥沼化（④） オウム真理教による真理党、衆院選で惨敗（④）
1991		バブル崩壊（④） ソ連崩壊（④） 牛肉・オレンジ輸入自由化（⑥）
1992	都市計画法改正（⑥）	オウム真理教、パソコンブランド「マハーポーシャ」設立など経済活動盛ん（④）
1993	新梅田シティ竣工（設計原広司・アトリエφ）（④）	
1994		日本で初めての化学兵器による事件発生（松本サリン事件、オウム真理教による犯行とのちに判明）（④）

	建築・都市・土地をめぐる動き	その他の出来事
1995	石山修武設計『ドラキュラの家』竣工（④）	阪神・淡路大震災発生（④） 地下鉄サリン事件。麻原彰晃逮捕、オウム教団に解散命令（④） 食管制度廃止（⑥）
1997	石山修武、自邸『世田谷村』建設開始（④）	
2000	まちづくり三法施行（⑥）	
2001		アメリカ同時多発テロ発生
2002	都市再生特別措置法制定（④⑥）	
2003	六本木ヒルズ竣工（森ビル）	
2004	景観法制定	
2011	都市再生緊急整備地域制度発足	東日本大震災起こる。福島第一原発にて炉心溶解事故発生（終章）
2012		アベノミクス開始（④）
2013		中国に習近平政権成立
2016		熊本地震起こる
2018	東京ミッドタウン日比谷竣工（三井不動産）	麻原彰晃など元オウム真理教団主要幹部13名の死刑執行（④）
2020	渋谷・宮下公園敷地にMiyashita Park竣工（渋谷区、三井不動産）。公園は屋上に移設（⑥）	新型コロナウイルスの感染拡大
2021		東京オリンピック開催（終章）
2022		ロシア、ウクライナに侵攻

戦後空間シンポジウム開催記録

シンポジウム01「民衆・伝統・運動体――1950年代／建築と文学／日本とアメリカ」
「文化運動のなかの民衆と伝統」鳥羽耕史（早稲田大学文学学術院）
「日米の建築的交流――「民衆」と「伝統」をめぐる文脈の輻輳」ケン・タダシ・オオシマ（ワシントン大学日本研究プログラム）
コメント：日埜直彦（日埜建築設計事務所）
日時：2017年12月16日（土）13時30分～18時
場所：建築会館ギャラリー

シンポジウム02「技術・政策・産業化――1960年代 住宅の現実と可能性」
「技術」松村秀一（東京大学）
「政策」平山洋介（神戸大学）
コメント：祐成保志（東京大学）、磯達雄（フリックスタジオ）
日時：2019年1月14日（月）13時30分～17時　場所：建築会館会議室

シンポジウム03「市民・まちづくり・広場――1960-70年代の革新自治体と都市・建築のレガシー」
「革新自治体とは何だったのか」岡田一郎（日本大学）
「都市計画から見た横浜の飛鳥田市政とその後」鈴木伸治（横浜市立大学）
コメント：岩崎駿介（元横浜市役所）、佐藤 滋（早稲田大学）、近森高明（慶應義塾大学）
日時：2019年6月29日（土）14時～17時　場所：建築会館会議室

シンポジウム04「バブル・震災・オウム教――1990年代、戦後空間の廃墟から」
「バブル経済と建築・都市」山形浩生（翻訳家）

「オウム教のメディア戦略、経済活動とその惨禍」古賀義章（ジャーナリスト）
「阪神・淡路大震災復興とその後の都市行政」牧紀男（京都大学）
コメント：石山修武（早稲田大学名誉教授）、布野修司（日本大学）
日時：2019年11月22日（金）17時～20時　場所：建築会館会議室

シンポジウム05「賠償・援助・振興――戦後空間のアジア」
「アジア国際秩序と戦後日本」宮城大蔵（上智大学）
「出稼ぎトンネル坑夫集団「豊後土工」と戦後賠償・開発援助――再編される日本植民地開発の経験と人脈」谷川竜一（金沢大学）
「解放後の韓国における日本建築の遺産（The Legacy of Japanese Architecture in Post-liberation Korea）」串賢禎（韓国科学技術院）
「沖縄の本土復帰と振興開発」小倉暢之（琉球大学）
コメント：尾島俊雄（早稲田大学名誉教授）
日時：2020年10月17日（土）15時～18時30分
場所：ZOOM + YouTube live

シンポジウム06「都心・農地・経済――土地にみる戦後空間の果て」
「都市空間形成の資本主義的展開――矛盾の構造と日本的特質」山田良治（大阪観光大学）
「農地法がもたらした戦後政治の安定と農業の衰退」山下一仁（キヤノングローバル戦略研究所）
コメント：内藤廣（内藤廣建築設計事務所）、饗庭伸（東京都立大学）
日時：2022年1月14日（金）17時～21時
場所：ZOOM + YouTube live

戦後空間研究会 せんごくうかんけんきゅうかい

青井哲人（あおい・あきひと） 明治大学教授。著書に『ヨコとタテの建築論』（慶應義塾大学出版会）など。

市川紘司（いちかわ・こうじ） 東北大学助教。著書に『天安門広場』（筑摩書房）など。

内田祥士（うちだ・よしお） 東洋大学教授、建築家。著書に『営繕論』（NTT出版）など。

中島直人（なかじま・なおと） 東京大学准教授。著書に『アーバニスト』（ちくま新書）など。

中谷礼仁（なかたに・のりひと） 早稲田大学教授。著書に『未来のコミューン』（インスクリプト）など。

日埜直彦（ひの・なおひこ） 建築家。著書に『日本近現代建築の歴史』（講談社選書メチエ）など。

松田法子（まつだ・のりこ） 京都府立大学准教授。著書に『危機と都市』（共著、左右社）など。

（五十音順）

ウェブサイト https://medium.com/戦後空間 wg

筑摩選書 0251

戦後《せんご》空間史《くうかんし》
都市《とし》・建築《けんちく》・人間《にんげん》

二〇二三年三月一五日 初版第一刷発行

編　者　戦後空間研究会《せんごくうかんけんきゅうかい》

発行者　喜入冬子

発行所　株式会社筑摩書房
東京都台東区蔵前二-五-三 郵便番号 一一一-八七五五
電話番号 〇三-五六八七-二六〇一（代表）

装幀者　神田昇和

印刷 製本　中央精版印刷株式会社

ISBN978-4-480-01769-7 C0352